职业院校计算机应用专业课程改革成果教材

数据库应用——Access 2007

Shujuku Yingyong——Access 2007

主编　郑耀涛

副主编　陈丽霞　牛　琦

U0117654

高等教育出版社·北京

HIGHER EDUCATION PRESS　BEIJING

内容提要

本书是职业院校计算机应用专业课程改革成果教材,根据广东省"中等职业学校计算机应用专业教学指导方案"的要求编写而成。本书以"任务驱动"为导向,突出职业资格与岗位培训相结合的特点,以实用性为原则,从零起点开始介绍 Access 2007 的使用方法和技巧。全书主要内容包括Access数据库基础、数据库的基本操作、创建和管理"学生成绩管理系统"表、创建"学生成绩管理系统"查询、"学生成绩管理系统"窗体、"学生成绩管理系统"报表、创建"学生成绩管理系统"宏、Access 在网上购物系统中的应用等。本书在编写过程中结合实例分步介绍,力求深入浅出,通俗易懂,以使读者能轻松掌握 Access 2007 数据库中最重要又最常用的技巧和方法。

本书还配套学习卡网络教学资源,使用本书封底所赠的学习卡,登录 http://sve.hep.com.cn,可获得相关资源。

本书可以作为职业院校计算机应用专业的教材,也可作为中高级职业资格与就业培训用书。

图书在版编目(CIP)数据

数据库应用——Access 2007/郑耀涛主编. —北京:高等教育出版社,2011.8

ISBN 978-7-04-032907-0

Ⅰ. ①数… Ⅱ. ①郑… Ⅲ. ①关系数据库-数据库管理系统,Access 2007-中等专业学校-教材 Ⅳ. ①TP311.138

中国版本图书馆 CIP 数据核字(2011)第 146474 号

策划编辑	俞丽莎	责任编辑	俞丽莎	封面设计	张 志	版式设计	马敬茹
责任校对	金 辉	责任印制	刘思涵				

出版发行	高等教育出版社	咨询电话	400-810-0598
社　　址	北京市西城区德外大街4号	网　　址	http://www.hep.edu.cn
邮政编码	100120		http://www.hep.com.cn
印　　刷	唐山市润丰印务有限公司	网上订购	http://www.landraco.com
开　　本	787mm×1092mm　1/16		http://www.landraco.com.cn
印　　张	13.25	版　　次	2011 年 8 月第 1 版
字　　数	320 千字	印　　次	2011 年 8 月第 1 次印刷
购书热线	010-58581118	定　　价	23.90 元

本书如有缺页、倒页、脱页等质量问题,请到所购图书销售部门联系调换

前　　言

　　数据库是企业信息化管理过程中不可缺少的一部分，经过多年的发展和改进，Access 已经成为桌面数据库领域开发与应用的标准，广泛应用于办公自动化。最新版的 Access 2007 提供了完整的数据库应用程序开发工具，内建了非常易用的操作向导，使得用户可以高效地进行数据库开发。

　　本书是职业院校计算机应用专业课程改革成果教材，根据广东省"中等职业学校计算机应用专业教学指导方案"的要求编写而成。在编写过程中，作者应用现代职业教育的理论、方法，坚持职业教育"以服务为宗旨，以就业为导向，以素质为基础，以技能为核心"的原则，力求体现"专注现在，关注未来"职业教育特点，按照职业院校学生的学习特点和培养规律，突出教材的实用性、适用性、科学性和先进性。

　　本教材的编写遵循以下原则：

1. 内容先进，注重知识与技能

　　本书选择目前广泛应用的 Access 2007 作为数据库管理软件，它秉承了 Access 数据库管理软件功能强大、界面友好、容易上手等优点，同时在用户界面、文件格式、网络访问功能、新的数据类型、表和窗体的设计方法、宏功能的增强等方面都有了很大的变化。通过使用 Access 2007，无须掌握很深的数据库知识，即可轻松地创建出数据库应用系统。

2. 采用"任务驱动"的教学方法，促进以学生为主体的课程教学改革。

　　本书采用"任务驱动"方式编写，每个单元一开始都给出一个"情景故事"，并明确提出本单元的"技能目标"，继而通过一连串任务来展开本单元的教学内容。每个任务都有"任务说明"、"任务目标"和具体案例的"实现步骤"，力求通过丰富的案例来模拟任务完成的场景，并通过这些案例的分析和实现过程，深入浅出、循环渐进地介绍数据库应用开发的技能。

3. 突出实践，典型案例贯穿全书。

　　本书以"学生成绩管理系统"为主线，通过一系列具有实用性很强的任务来讲授本课程，通过"做中教，做中学"，使学生掌握数据库应用的相关知识和技能，每个任务所涉及的内容都与学生关系密切，有助于提高学生的学习兴趣和主动性。并提供了完整的"图书管理系统"实例，供学生在"体验活动"中巩固练习。通过前面各单元的学习，最后一个单元介绍一个综合系统的开发。

　　本教材在教学安排上，实际操作与应用训练应占总学时的60%，理论学习占总学时的40%，推荐授课学时安排如下表：

单元序号	单元名称	教学时数	
		讲授与上机实习	说　明
1	Access 数据库基础	4	建议在多媒体机房组织教学，使课程内容讲授与上机实习合二为一
2	数据库的基本操作	4	
3	创建和管理"学生成绩管理系统"表	10	
4	创建"学生成绩管理系统"查询	20	
5	创建"学生成绩管理系统"窗体	8	
6	创建"学生成绩管理系统"报表	14	
7	创建"学生成绩管理系统"宏	6	
8	Access 在网上购物系统中的应用	6	
	机动	6	
合　　计		72～78	

　　本书由广东省经贸职业技术学校郑耀涛担任主编，汕头市林百欣科技中专学校陈丽霞和深圳市华强职业技术学校牛琦担任副主编，广东省经贸职业技术学校杨舒媛和蔡琳琳参编。具体编写情况如下：单元 1 由郑耀涛编写，单元 2 和单元 3 由牛琦编写，单元 4 和单元 7 由陈丽霞编写，单元 5 由杨舒媛编写，单元 6 由蔡琳琳编写，单元 8 由杨舒媛和蔡琳琳共同完成。本书由广州轻工职业技术学院李洛教授担任主审。在本书的编写过程中，还得到了相关行业企业的大力支持，在此一并表示感谢。

　　本书还配套学习卡网络教学资源，使用本书封底所赠的学习卡，登录 http://sve.hep.com.cn，可获得相关资源，详细说明参见书后"郑重声明"页。

　　由于出版时间紧迫，加之作者水平有限，本书肯定存在不足和疏漏之处，敬请读者和专家批评指正。编者联系方式：112418486@qq.com。

编　者
2011 年 6 月

目　　录

单元 1 Access 数据库基础 ·· 1
  任务 1.1　认识数据库 ··· 1
  任务 1.2　启动 Access 2007 ······································ 2
  任务 1.3　认识 Access 2007 功能区 ······························· 3
  任务 1.4　认识 Access 的六大对象 ································ 5
  习题 ··· 9

单元 2 数据库的基本操作 ·· 11
  任务 2.1　创建"学生成绩管理系统"空白数据库 ··············· 11
  任务 2.2　创建"学生信息管理系统"数据库 ··················· 13
  任务 2.3　打开和保存"学生信息管理系统"数据库 ············· 14
  习题 ·· 16

单元 3 创建和管理"学生成绩管理系统"表 ····················· 17
  任务 3.1　创建"学生信息"表 ································· 17
  任务 3.2　创建"常用联系人"表 ······························ 20
  任务 3.3　巧用设计器创建"学生信息"表 ····················· 21
  任务 3.4　创建完整的"学生信息"表 ························· 33
  任务 3.5　排序和筛选"学生信息"表中记录 ··················· 42
  任务 3.6　将"学生成绩"工作表导入 Access 数据库 ············ 45
  任务 3.7　创建"课程信息"表 ································· 51
  任务 3.8　建立"学生信息"、"学生成绩"和"课程信息"表间关系 ··· 52
  习题 ·· 58

单元 4 创建"学生成绩管理系统"查询 ························· 60
  任务 4.1　创建选择查询 ·· 61
  任务 4.2　设置查询条件 ·· 75
  任务 4.3　创建交叉表查询 ······································ 88
  任务 4.4　创建参数查询 ·· 92
  任务 4.5　创建操作查询 ·· 95
  任务 4.6　创建 SQL 查询 ······································ 102
  习题 ··· 110

单元 5 创建"学生成绩管理系统"窗体 ·· **113**

　　任务 5.1 自动创建窗体 ·· 113

　　任务 5.2 自动创建分割窗体 ·· 114

　　任务 5.3 自动创建多个项目窗体 ·· 115

　　任务 5.4 使用设计视图创建窗体 ·· 116

　　任务 5.5 利用向导创建窗体 ·· 118

　　任务 5.6 使用标题和标签控件 ·· 122

　　任务 5.7 使用文本框控件 ·· 124

　　任务 5.8 使用列表框和组合框 ·· 127

　　任务 5.9 使用命令按钮 ·· 129

　　任务 5.10 使用图像控件 ·· 133

　　任务 5.11 创建切换面板 ·· 135

　　习题 ·· 136

单元 6 创建"学生成绩管理系统"报表 ·· **139**

　　任务 6.1 创建空白报表 ·· 139

　　任务 6.2 创建标签报表 ·· 142

　　任务 6.3 使用报表向导创建"学生信息"报表 ·· 144

　　任务 6.4 使用设计视图创建"学生成绩"报表 ·· 150

　　任务 6.5 对数据进行排序和分组 ·· 156

　　任务 6.6 制作高质量的报表 ·· 161

　　任务 6.7 创建主/次报表 ·· 166

　　任务 6.8 创建"课程成绩"子报表 ·· 170

　　任务 6.9 创建交叉表报表 ·· 173

　　习题 ·· 178

单元 7 创建"学生成绩管理系统"宏 ·· **180**

　　任务 7.1 创建宏 ·· 180

　　任务 7.2 运行和调试宏 ·· 188

　　任务 7.3 使用宏在窗体上创建菜单栏 ·· 189

　　习题 ·· 192

单元 8 Access 在网上购物系统中的应用 ·· **194**

　　任务 8.1 系统分析 ·· 194

　　任务 8.2 创建"商品信息"、"客户信息"和"订单明细"表 ·· 194

　　任务 8.3 实现"商品信息"、"客户信息"和"订单明细"窗体 ·· 196

单元 1

Access 数据库基础

【情景故事】

> Access 2007 是 Office 2007 的一个组件，在安装 Office 2007 时，通常进行默认安装就可以将 Access 2007 安装到计算机上。Access 能够简单实现 Excel 无法实现或很难实现的数据统计和报表功能。Access 也能方便地开发简单的数据库应用软件，例如学生成绩管理系统、图书管理系统、进销存管理系统等。小峰还没真正开始接触 Access，就有跃跃欲试的冲动了。

【单元说明】

Access 2007 新增了很多功能，这些功能使创建数据库的过程变得更容易。对 Access2003 熟悉的用户将会很欣喜地发现，这些新增功能和改进功能显著加快了数据库的创建过程。通过本单元的学习，熟悉 Access 2007 的新界面，了解功能区的组成及命令选取方法，了解 Access 的六大数据库对象及其主要的功能。

【技能目标】

● 学会启动 Access 2007

● 学会使用 Access 2007 功能区

【知识目标】

● 理解数据库的定义、作用以及基本功能

● 了解 Access 2007 的新增功能

● 了解数据库的六大对象的概念和功能

任务 1.1　认识数据库

【任务说明】

现代社会已经进入信息时代，人们的工作和生活都离不开各种信息。面对这些海量的数据，如何对其进行有效地管理成为困扰人们的一个难题。要解决这个难题，首先要解决数据的存储问题，而数据库最早就是为解决数据的存储问题而诞生的。运用数据库，用户可以对各种数据进行合理的归类、整理，并使其转换为高效的有用数据。

【任务目标】

理解数据库的定义、作用以及基本功能。

【知识宝库】

简单来说，数据库就是存放各种数据的仓库，它利用数据库中的各种对象，记录和分析各种数据。

以 Access 2007 格式创建的数据库的文件扩展名为 .accdb，而早期 Access 格式创建的数据库的文件扩展名为 .mdb。

数据库的基本功能包括：

① 支持向数据库中添加新数据记录，例如增加学生信息记录。

② 支持编辑数据库中的现有数据，例如更改某门课程记录的信息。

③ 支持删除信息记录，例如，某学生已转学，用户可以删除该学生的信息。

④ 支持以不同的方式组织和查看数据。

⑤ 支持通过报表、电子邮件、Intranet 或 Internet 与他人共享数据。

任务 1.2 启动 Access 2007

【任务说明】

Access 2007 是微软公司最新推出的 Access 版本，是微软办公软件包 Office 2007 的一部分。Access 2007 是一个面向对象的、采用事件驱动的新型关系型数据库，启动 Access 2007 的方法和启动其他软件的方法一样。

【任务目标】

启动 Access 2007 界面。

【实验步骤】

第 1 步：选择"开始"→"所有程序"→ Microsoft Office → Microsoft Office Access 2007 命令，如图 1.2.1 所示，即可启动 Access 2007。

第 2 步：启动 Access 2007 以后，就可以看到 Access 2007 的启动界面，如图 1.2.2 所示。

图 1.2.1 启动程序

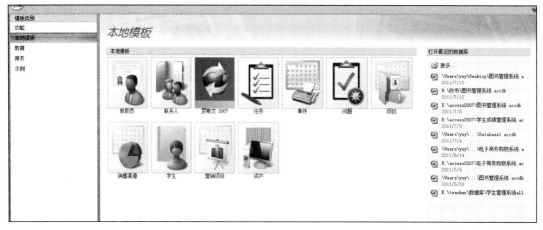

图 1.2.2 启动界面

任务 1.3 认识 Access 2007 功能区

【任务说明】

Access 2007 界面如图 1.3.1 所示。

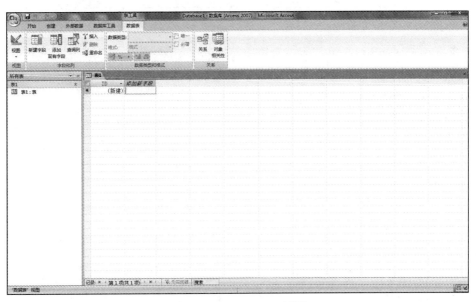

图 1.3.1 Access 2007 界面

Access 2007 界面中使用称为"功能区"的标准区域来替代 Access 早期版本中的多层菜单和工具栏，如图 1.3.2 所示。

图 1.3.2 功能区选项

"功能区"以选项卡的形式，将各种相关的功能组合在一起。使用 Access 2007 的"功能区"，可以更快地查找相关命令组。在 Access 2007 的"功能区"中有 5 个选项卡，分别是"开始"、"创建"、"外部数据"、"数据库工具"和"数据表"，称为 Access 2007 的命令选项卡。

【任务目标】

在每个选项卡中都有不同的操作工具，用户可以通过这些组中的工具，对数据库中的数据库对象进行设置。下面将分别进行介绍。

【实验步骤】

第 1 步：单击"开始"按钮，弹出如图 1.3.3 所示界面。

图 1.3.3 "开始"选项卡工具组

利用"开始"选项卡中一些工具，可以完成的功能主要有以下几方面。

① 选择不同的视图。

② 从剪贴板复制和粘贴。

③ 设置当前的字体格式。

④ 设置当前的字体对齐方式。

⑤ 对备注字段应用 RTF 格式。

⑥ 操作数据记录（刷新、新建、保存、删除、汇总、拼写检查等）。

⑦ 对记录进行排序和筛选。

图 1.3.4 "创建"选项卡工具组

⑧ 查找记录。

第 2 步：单击"创建"，弹出如图 1.3.4 所示界面，用户可以利用"创建"选项卡中的一些工具，创建数据表、查询和窗体等各种数据库对象。

利用"创建"选项卡中的工具，可以完成的功能主要有以下几方面。

① 插入新的空白表。

② 使用表模板创建新表。

③ 在 SharePoint 网站上创建列表，在链接至新创建的列表的当前数据库中创建表。

④ 在设计视图中创建新的空白表。

⑤ 基于活动表或查询创建新窗体。

⑥ 创建新的数据透视表或图表。

⑦ 基于活动表或查询创建新报表。

⑧ 创建新的查询、宏、模块或类模块。

第 3 步：单击"外部数据"，弹出如图 1.3.5 所示界面，用户可以利用"外部数据"选项卡工具组中的数据库工具，导入和导出各种数据。

利用"外部数据"选项卡中的工具，可以完成的功能主要有以下几个方面。

① 导入或链接到外部数据。

图 1.3.5 "外部数据"选项卡工具组

② 导出数据。

③ 通过电子邮件收集和更新数据。

④ 使用联机 SharePoint 列表。

⑤ 创建保存的导入和导出。

⑥ 将部分或全部数据库移至新的或现有的 SharePoint 网站。

第 4 步：单击"数据库工具"，弹出如图 1.3.6 所示界面，用户可以利用"数据库工具"选项卡各种工具进行数据库 VBA、表关系的设置等。

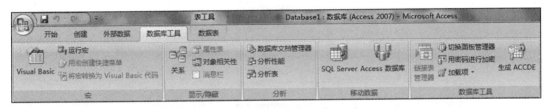

图 1.3.6 "数据库工具"选项卡工具组

利用"数据库工具"选项卡中的工具，可以完成的功能主要有以下几个方面。

① 启动 Visual Basic 编辑器或运行宏。

② 创建和查看表关系。

③ 显示 / 隐藏对象相关性或属性工作表。

④ 运行数据库文档或分析性能。

⑤ 将数据移至 Microsoft SQL Server 或 Access（仅限于表）数据库。

⑥ 运行链接表管理器。

⑦ 管理 Access 加载项。

⑧ 创建或编辑 Visual Basic for Applications（VBA）模块。

任务 1.4 认识 Access 的六大对象

【任务说明】

Access 数据库各功能的完成主要是通过 Access 的六大数据对象来实现，数据库的对象包括表、查询、窗体、报表、宏和模块。

在 Access 数据库文件中，利用表来存储数据。利用查询来查找和检索所需数据。利用窗体来查看、添加和更新表中的数据。利用报表来分析或打印特定布局中的数据。

【任务目标】

● 了解 Access 的六大数据对象及其主要的功能

● 了解 Access 的六大数据对象之间的关系

【知识宝库】

Access 数据库文件中，Access 数据库包含诸如表、查询、窗体、报表、页、宏和模块等对象。

1. 表和关系

要存储数据，可以为跟踪的每种信息创建一个表。信息类型可能包括课程信息、学生成绩信息和学生信息。要在查询、窗体或报表中收集多个表中的信息，需要定义表之间的关系，如图 1.4.1 所示。

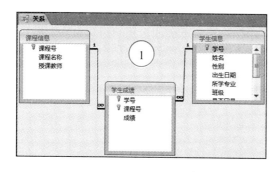

图 1.4.1　表和关系

① "学生信息"表中的"学号"字段、"课程信息"表中的"课程号"字段、"学生成绩"表中的"学号"和"课程号"字段分别设置为主键。

② 将"学生信息"表的"学号"主键字段拖曳至"学生成绩"表的"学号"字段，并定义这两个表之间的关系为一对多，Access 可以匹配这两个表中的相关记录，以便用户可以在窗体、报表或查询中收集相关记录。

③ 将"课程信息"表的"课程号"主键字段拖曳至"学生成绩"表的"课程号"字段，并定义这两个表之间的关系为一对多。

2. 查询

通过查询，可以查找和检索满足指定的条件的数据，包括多个表中的数据。也可以使用查询同时更新或删除多个记录，以及对数据执行预定义或自定义的计算，如图 1.4.2 所示。

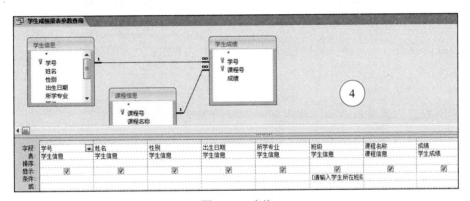

图 1.4.2 查询

① "学生信息" 表包含学生相关的信息。

② "课程信息" 表包含课程相关的信息。

③ "学生成绩" 表包含学生所选课程的成绩信息。

④ 此查询从 "学生信息" 表中检索 "学号" 和 "姓名" 等数据, 从 "课程信息" 表中检索 "课程名称" 数据, 从 "学生成绩" 表检索 "成绩" 数据。此查询只返回所指定班级的学生相关信息。

3. 窗体

可以使用窗体一次一行地轻松查看、输入和更改数据, 也可以使用窗体执行其他操作, 例如向另一个应用程序发送数据。窗体通常包含链接到表中基础字段的控件。打开窗体时, Access 会从其中的一个或多个表中检索数据, 然后用创建窗体时所选择的布局显示数据。可以使用功能区上的一个 "窗体" 命令 (窗体向导) 来创建窗体, 或者在 "设计" 视图中自己创建窗体, 如图 1.4.3 所示。

① 表同时显示了许多记录, 但可能必须水平滚动屏幕才能看到一个记录中的所有数据。另外, 查看表时, 无法同时更新多个表中的数据。

② 窗体一次只侧重于一条记录, 它可以显示多个表中的字段, 也可以显示图片和其他对象。

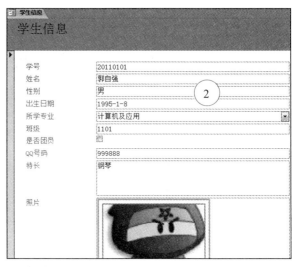

图 1.4.3　窗体

窗体也可以包含一个按钮，通过单击此按钮，可以打印报表、打开其他对象或以其他方式自动执行任务。

4. 报表

可以使用报表快速分析数据，或用某种印好的固定格式或其他格式呈现数据，如图 1.4.4 所示。

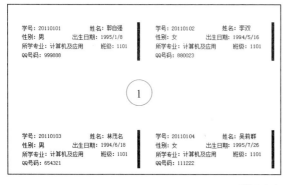

图 1.4.4　报表

① 使用报表创建标签报表。

② 使用报表显示计算的总计。

5. 宏

利用宏，用户不必编写任何代码，就可以实现一定的交互功能。通过宏可实现的功能如下：

（1）打开 / 关闭数据表、窗体，打印报表和执行查询。

（2）弹出提示信息框，显示警告。

（3）实现数据的输入和输出。

（4）在数据库启动时执行操作等。

（5）筛选查找数据记录。

宏的设计一般都是在"宏生成器"中完成的。单击"创建"选项卡下的"宏"按钮，即可新建一个宏，并进入"宏生成器"，如图 1.4.5 所示。

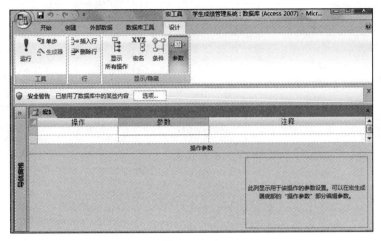

图 1.4.5　宏

6. 模块

模块是声明、语句和过程的集合，它们作为一个单元存储在一起。模块可以分为类模块和标准模块两类。类模块中包含各种事件过程，标准模块包含与任何其他特定对象无关的常规过程。

习　　题

一、选择题

1. 在数据管理技术的进展过程中，经历了人工管理阶段、文件系统阶段和数据库系统阶段。在这几个阶段中，数据独立性最高的是_____阶段。

　　A. 数据库系统　　　B. 文件系统　　　C. 人工管理　　　D. 数据项管理

2. 数据库系统与文件系统的主要区别是_____。

　　A. 数据库系统复杂，而文件系统简单

　　B. 文件系统不能解决数据冗余和数据独立性问题，而数据库系统可以解决

　　C. 文件系统只能管理程序文件，而数据库系统能够管理各种类型的文件

　　D. 文件系统管理的数据量较少，而数据库系统可以管理庞大的数据量

3. 存储在计算机内有结构的相关数据的集合称为_____。

　　A. 数据库　　　　　B. 数据库系统　　　C. 数据库管理系统　D. 数据结构

4. 数据库的基本特点是_____。

　　A. 数据结构化；数据独立性；数据冗余大，易移植；统一管理和控制

　　B. 数据结构化；数据独立性；数据冗余小，易扩充；统一管理和控制

　　C. 数据结构化；数据互换性；数据冗余小，易扩充；统一管理和控制

    D. 数据非结构化；数据独立性；数据冗余小，易扩充；统一管理和控制

5. 数据库管理系统（DBMS）是_____。

    A. 一个完整的数据库应用系统   B. 一组硬件

    C. 一组系统软件   D. 既有硬件，也有软件

6. 用于实现数据库各种数据操作的软件称为_____。

    A. 数据软件   B. 操作系统

    C. 数据库管理系统   D. 编译程序

二、简答题

1. 什么是数据库？什么是数据库系统？什么是数据库管理系统？

2. 数据库有何作用？

3. 数据库中有几种对象？各是什么？有何作用？

单元 2

数据库的基本操作

【情景故事】

　　小峰最近喜欢通过发表微博记录自己生活、学习中的点点滴滴。他知道大家的留言和评论发表之前都是通过数据库导入的。

　　学校这学期也开设了课程"Access 2007 数据库"，他充满好奇地进入了学习数据库的旅程。

【单元说明】

　　初步了解 Access 2007 的基本知识后，本单元将介绍数据库的设计过程及创建数据库的方法。在创建数据库之前，首先应根据用户的需求对数据库应用系统进行分析和研究，然后再设计数据库的结构。

　　数据库设计过程的一般步骤如下：

　　需求分析→确定数据库中的表→确定表中的字段→确定主关键字→确定表间的关系

　　Access 2007 提供了以下两种创建数据库的方法：

　　（1）创建空数据库，再添加表、查询、窗体和报表等对象。

　　（2）使用模板创建数据库。

【技能目标】

● 会创建空白数据库。

● 会使用模板创建数据库。

● 会对数据库进行打开、保存等基本操作。

【知识目标】

● 理解数据库的基本设计过程及步骤。

● 了解数据库模板的作用。

● 理解空白数据库和数据库模板的区别。

任务 2.1　创建"学生成绩管理系统"空白数据库

【任务说明】

　　在单元 1 中已经介绍了 Access 数据库的相关概念、操作界面及主体结构等基础知识，本单元我们就从创建一个最基础的空白数据库开始。

【任务目标】

会用 Access 2007 创建空白数据库"学生成绩管理系统"。

【实现步骤】

第 1 步：启动 Access 2007，单击"Office"按钮，在弹出的文件菜单中选择"新建"命令，如图 2.1.1 所示。

第 2 步：在操作界面左边的"模板类别"列表中选择"功能"分类，单击"新建空白数据库"列表中的"空白数据库"图标，在右下方"文件名"文本框中输入数据库的名称"学生成绩管理系统"，单击文本框右侧文件夹按钮，设置数据库的保存位置后，返回 Access 2007 界面，单击"创建"按钮，即在指定位置创建一个空白数据库，如图 2.1.2 所示。

图 2.1.1 选择"新建"命令

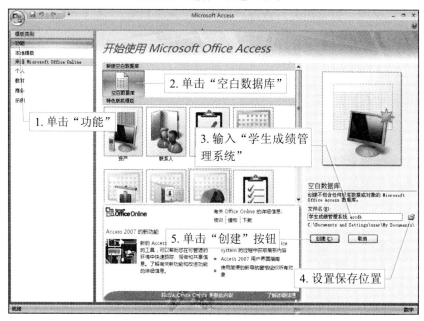

图 2.1.2 创建空白数据库

【体验活动】

创建一个空数据库"图书管理系统"。

任务 2.2　创建"学生信息管理系统"数据库

【任务说明】

调用 Access 2007 的"学生"模板来创建数据库。

【任务目标】

（1）会调用 Access 2007 的"学生"模板来创建"学生信息管理系统"数据库。

（2）理解空白数据库和数据库模板的区别。

【实现步骤】

第 1 步：启动 Access 2007，单击"Office"按钮，在弹出的文件菜单中选择"新建"命令。

第 2 步：在操作界面左边的"模板类别"列表中选择"本地模板"分类，单击界面中间的"本地模板"列表中"学生"模板图标，在右下方"文件名"文本框中输入数据库的名称"学生信息管理系统"，单击文本框右侧文件夹按钮，设置数据库的保存位置，返回 Access 界面，单击"创建"按钮，即在指定位置创建"学生信息管理系统"数据库，如图 2.2.1 所示。

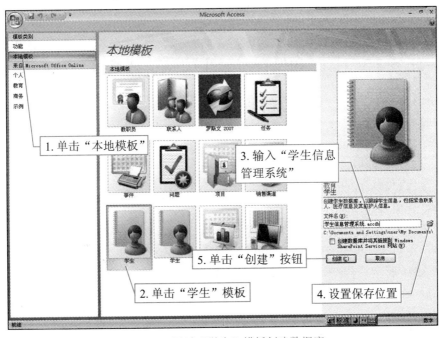

图 2.2.1　通过"学生"模板创建数据库

第 3 步：创建的"学生信息管理系统"数据库如图 2.2.2 所示。

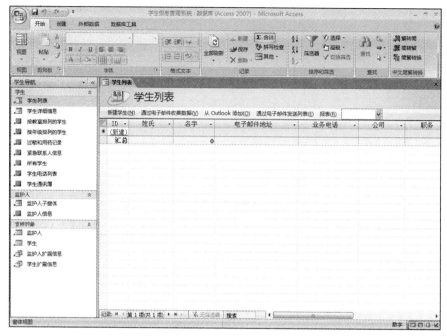

图 2.2.2 "学生信息管理系统"数据库界面

【体验活动】

调用"任务"模板，创建"工作任务"数据库。

任务 2.3 打开和保存"学生信息管理系统"数据库

【任务说明】

（1）在对数据库进行修改后，保存对数据库的修改。

（2）关闭数据库后，再次打开原有数据库进行修改。

【任务目标】

（1）会保存对数据库的修改。

（2）会打开原有数据库。

【实现步骤】

第 1 步：在对数据库进行修改后，单击快速访问工具栏中的"保存"按钮，即可完成保存操作，如图 2.3.1 所示。若没有进行数据库的保存，在退出 Access 时，会弹出对话框，提示是否保存，然后关闭数据库。

图 2.3.1 保存数据库

第 2 步：要再次打开"学生信息管理系统"数据库文件，可以双击该数据库，也可以在 Access 中单击"Office"按钮，单击"最近使用的文档"列表中的"学生信息管理系统 .accdb" 数据库，如图 2.3.2 所示。

图 2.3.2　打开最近使用的数据库

还可以单击"Office"按钮，在弹出的文件菜单中选择"打开"命令，弹出"打开"对话框，选择"学生信息管理系统"数据库，单击"打开"按钮，打开数据库，如图 2.3.3 所示。

图 2.3.3　选择数据库文件

【体验活动】

打开"工作任务"数据库，并对数据库进行保存和关闭操作。

习　　题

一、选择题

1. 数据库管理系统属于_____。
   　A. 应用软件　　　　　B. 系统软件　　　　C. 操作系统　　　　D. 编译软件

2. 数据处理的核心问题是_____。
   　A. 数据检索　　　　　B. 数据管理　　　　C. 数据分类　　　　D. 数据维护

3. Access 是一个_____。
   　A. 数据库文件系统　　B. 数据库系统
   　C. 数据库应用系统　　D. 数据库管理系统

4. Access 数据库有多种对象组件，以下不属于 Access 对象组件的是_____。
   　A. 查询　　　　　　　B. 记录　　　　　　C. 宏　　　　　　　D. 表

5. Access 数据库的设计一般由 5 个步骤组成，对以下步骤的排序正确的是_____。
   　A. 确定数据库中的表　　　　　　　B. 确定表中的字段
   　C. 确定主关键字　　　　　　　　　D. 分析建立数据库中的目的
   　E. 确定表之间的关系
   　A. DABEC　　　　　B. DABCE　　　　　C. EDABE　　　　　D. EDAEB

6. 退出 Access 数据库管理系统可以使用的快捷键是_____。
   　A. Ctrl + C　　　　　B. Ctrl + O　　　　C. Alt + F + X　　　D. Alt + X

二、填空题

1. _____是数据库系统的核心和基础。

2. Access 数据库文件的扩展名是_____。

3. 存储于计算机存储设备中的、结构化的相关数据的集合是_____。

4. 在 Access 中创建数据库有使用_____和创建空数据库两种方法。

单元 3

创建和管理"学生成绩管理系统"表

【情景故事】

　　小峰已经能够熟练地创建数据库了，他通过查阅资料了解到 Access 数据库是一种关系型数据库，它包括表、查询、窗体、报表、宏和模块等多个对象。小峰希望通过学习表的相关知识，初步认识数据库对象。

【单元说明】

　　表是 Access 中存储数据的基本容器，数据库需要通过表来完成数据的存储。本单元将介绍 4 种创建表的方法以及表的编辑与修改，并将表的组成、各种视图模式、存储数据类型、表间关系等相关知识穿插其中，由浅入深，逐一讲解。

【技能目标】

● 熟练掌握表的 4 种创建方法。
● 熟练掌握数据表的字段类型、字段属性、主键的设置。
● 熟练掌握表基本结构的修改。
● 熟练掌握记录的基本操作。
● 熟练掌握建立表间关系。

【知识目标】

● 了解 Access 数据表的组成。
● 了解 Access 数据表的各种视图模式。
● 理解表间关系。

任务 3.1　创建"学生信息"表

【任务说明】

在 Access 中创建一个空白表，设置其中的字段名并输入相应的数据记录。

【任务目标】

在"学生成绩管理系统"数据库中，创建"学生信息"表，如图 3.1.1 所示。

学生信息								
学号	姓名	性别	出生日期	所学专业	班级	是否团员	QQ号码	特长
20110101	郭自强	男	1995-1-8	计算机及应用	1101	☐	999888	钢琴
20110102	李双	女	1994-5-16	计算机及应用	1101	☑	880023	游泳
20110103	林茂名	男	1994-6-18	计算机及应用	1101	☐	654321	吉他
20110104	吴莉群	女	1995-7-26	计算机及应用	1101	☐	111222	街舞
20110105	马晓超	男	1995-5-20	计算机及应用	1101	☑	100010	
20110201	韦威强	男	1995-1-3	数字媒体技术	1102	☑	558866	唱歌
20110202	林晓	女	1994-9-10	数字媒体技术	1102	☐	778899	民族舞
20110203	刘鹏	男	1994-4-9	数字媒体技术	1102	☑	456456	乒乓球

图 3.1.1 "学生信息"表效果图

【实现步骤】

第 1 步：启动 Access 2007，打开单元 2 任务 2.1 中创建的 "学生成绩管理系统" 数据库，选择 "创建" 选项卡，单击 "表" 按钮，操作步骤如图 3.1.2 所示。在 "所有表" 列表中增加了一个名为 "表 1" 的新表，如图 3.1.3 所示。

图 3.1.2 创建空白表步骤

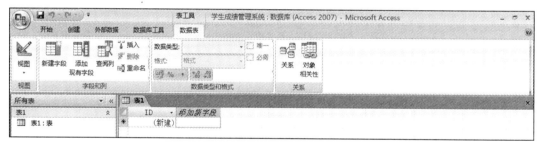

图 3.1.3 表 1

> 小贴士
>
> "表" 类似于表格，它通过行和列组成的二维表格来显示数据。表中每一行数据称为一条记录，它将表中所涉及的人员信息、地点信息、事件信息或其他相关信息集合在一起。

表中的一列称为一个字段，它包含表中的特定信息元素，如姓名、性别、班级等。记录和字段的含义如图 3.1.4 所示。

第 2 步：分别重命名 "学号"、"姓名"、"性别"、"出生日期" 等字段，并按图 3.1.4 所示输入记录数据。

图 3.1.4　记录和字段的含义

小贴士

要重命名各字段，可以双击字段名，使其变为可编辑状态，然后输入新字段名称即可；或在字段名上右击，在弹出的列表中选择"重命名列"命令，如图 3.1.5 所示，再输入字段名，按 Enter 键确定。

第 3 步：在输入数据完成后，单击关闭按钮，弹出对话框，单击"是"按钮，如图 3.1.6 所示。保存对表的修改，弹出"另存为"对话框，输入"学生信息"，更改表的名称，单击"确定"按钮，如图 3.1.7 所示。这样就完成了通过输入数据创建"学生信息"表的任务。

图 3.1.5　重命名字段名

图 3.1.6　确认更改表设计

图 3.1.7　更改表名为"学生信息"

【体验活动】

1. 创建一个名为"图书管理系统"的空白数据库。
2. 在"图书管理系统"数据库中，创建"读者信息"表，如表 3.1.1 所示。

表 3.1.1　"读者信息"表

借书证号	姓名	性别	联系电话	已借数量
J001	章　颖	女	83904008	4
J002	马睿超	男	83524916	2
J003	李敏峰	男	25330098	0
J004	刘　怡	女	83732117	3
J005	郑　飞	男	25869952	4
J006	蔡　瑞	男	86525115	3
J007	王小豪	男	29419876	0

续表

借书证号	姓名	性别	联系电话	已借数量
J008	卢楚冰	女	28439596	6
J009	庄明莉	女	83736963	1
J010	何家兴	男	28859187	2

任务 3.2 创建"常用联系人"表

【任务说明】

在 Access 中，提供了几种预定义的表模板，如联系人、任务、问题等，我们可以利用这些表模板快速创建新表。

【任务目标】

会使用 Access 2007 自带的"联系人"表模板创建"常用联系人"表。

【实现步骤】

第 1 步：在 Access 中创建"诚信科技有限公司"空白数据库，数据库自动生成空白表"表 1"，如图 3.2.1 所示。

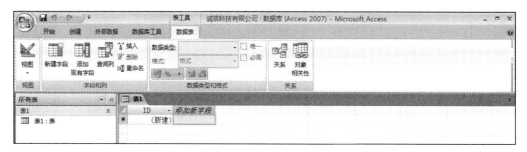

图 3.2.1　空白数据库

第 2 步：选择"创建"选项卡，单击"表模板"按钮，在下拉菜单中选择"联系人"，如图 3.2.2 所示。

图 3.2.2　使用表模板创建表

第 3 步：生成一个新表，默认表名为 "表 2"，其中包含 "ID"、"公司"、"姓氏"、"名字" 等多个字段，如图 3.2.3 所示。

第 4 步：单击关闭按钮，更改表名为 "常用联系人"。

图 3.2.3　表 2

【体验活动】

1. 创建一个名为 "×× 职业技术学校" 的数据库。
2. 使用表模板创建 "任务" 表。

任务 3.3　巧用设计器创建 "学生信息" 表

【任务说明】

表设计器是在 Access 中设计表的主要工具，使用表设计器，不但可以创建一个表，而且还能够修改表的结构。使用设计器创建表，就是在表设计器窗口中定义表的结构，即详细说明表中每个字段的名称、字段的类型以及各字段的属性。

本单元任务 3.1 通过输入数据创建的 "学生信息" 表中没有设置字段类型及相关属性，所以具有一定的局限性。在本任务中将使用设计器创建功能较完整的 "学生信息" 表。

【任务目标】

（1）熟练掌握设计器创建表的方法。

（2）熟练掌握添加、删除字段等基本操作的方法。

（3）熟练掌握主键的设置和删除操作。

（4）能根据数据表需求设置各字段属性。

本任务中创建的 "学生信息" 表结构如表 3.3.1 所示。

表 3.3.1　"学生信息" 表结构

字段名称	数据类型	字段大小	格式	是否主键
学号	文本	8		是
姓名	文本	10		
性别	文本	1		
出生日期	日期 / 时间		短日期	
所学专业	查阅向导	10		
班级	文本	4		
是否团员	是 / 否			

续表

字段名称	数据类型	字段大小	格式	是否主键
QQ 号码	文本	15		
特长	备注			
照片	OLE 对象			

【实现步骤】

第 1 步：打开"学生成绩管理系统"数据库，选择"所有表"列表中的"学生信息"表，单击"开始"选项卡的"删除"按钮，如图 3.3.1 所示；或右键单击"所有表"列表中的"学生信息"表，在弹出快捷菜单中选择"删除"命令，如图 3.3.2 所示。弹出对话框，如图 3.3.3 所示，单击"是"按钮，确认删除"学生信息"表。

图 3.3.1 通过"删除"按钮删除表

图 3.3.2 选择"删除"命令删除表

图 3.3.3 单击"是"按钮确认删除"学生信息"表

第 2 步：选择"创建"选项卡，单击"表设计"按钮，如图 3.3.4 所示，进入"表 1"的设计视图，如图 3.3.5 所示。

图 3.3.4 通过"表设计"按钮创建表

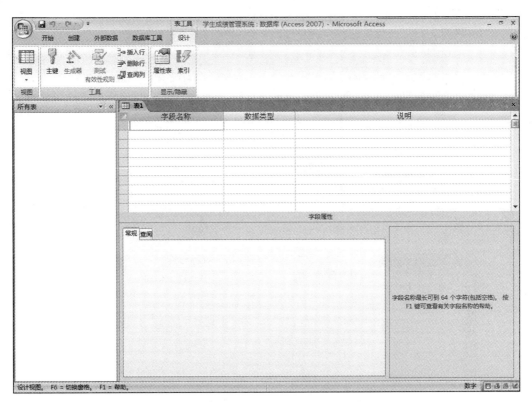

图 3.3.5 "表 1"的设计视图

【知识宝库】

Access 表的创建可以在不同的视图中进行。Access 表有两种视图：数据表视图和设计视图。使用数据表视图可以对数据进行查看、添加、删除和编辑等操作；使用设计视图可以创建和修改表结构。

1. 数据表视图

在数据表视图中可以直接查看、添加、删除和编辑表中的数据，也可以进行数据的筛选和排序。本单元的任务 3.1 就是在数据表视图中创建表，Access 表默认显示的是数据表视图。

2. 设计视图

打开表后，在"开始"选项卡的"视图"组中单击"视图"按钮，在弹出的下拉菜单中选择"设计视图"命令，如图 3.3.6 所示，表将从数据表视图切换到设计视图；也可以在左侧的"所有表"列表中选择表，单击鼠标右键，在弹出的快捷菜单中选择"设计视图"命令，如图 3.3.7 所示。

第 3 步：在"表 1"的"字段名称"栏中输入"学号"，对应的"数据类型"栏中选择"文本"类型，在"字段属性"栏的"常规"选项卡中设置"字段大小"为"8"，如图 3.3.8 所示。

 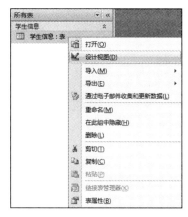

图 3.3.6 单击"视图"按钮　　　　图 3.3.7 选择"设计视图"命令

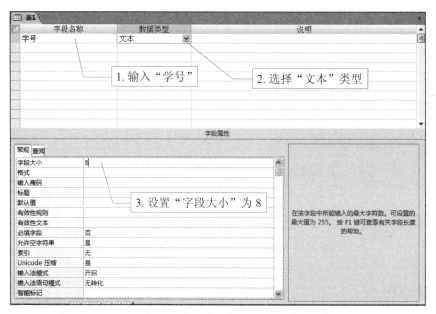

图 3.3.8 设置"学号"字段的"数据类型"以及"字段属性"

🔊 小贴士

Access 2007 中对字段名称有如下规定：

（1）最多只能包含 64 个字符。

（2）可以是字母、数字、空格及特殊字符的任意组合，但是不能使用句号、感叹号、重音符号和方括号等。

（3）不能以空格或者控制字符（ASCII 码值为 0～31 之间的字符）开头。

数据类型是表中字段的某个属性，用于确定表中存储数据的类型。

在 Access 2007 中数据包含"文本"、"备注"、"数字"、"日期/时间"、"货币"、"是/否"、"OLE 对象"、"自动编号"、"超链接"、"附件"和"查阅向导"等多种数据类型。

（1）"文本"类型是 Access 默认的数据类型，不能超过 255 个字符，主要用于设置不在计算中使用的文本或数字，但该类型中的数字不能参与计算，如学生学号、电话号码等。

（2）"备注"类型字段是由文本、文本的组合以及数字等字符组成，对存储数据的长度没有限制，具有很大的灵活性，如注释、说明等。

（3）"数字"类型字段主要用于存储要在计算中使用的数字，如人数、商品价格等。

（4）"日期 / 时间"类型字段主要用于存储日期和时间的数据，如出生日期、工作时间等。

（5）"货币"类型字段主要用于存储货币值。

（6）"自动编号"类型字段用于存储整数和随机数。

（7）"是 / 否"类型字段用于存储两个可能的值之一的"是"或"否"，如对与错，真与假等。

（8）"OLE 对象"类型字段主要用于将某个对象（如 Microsoft Word 文档、Microsoft Excel 电子表格、图像、声音等）链接或嵌入到如 Microsoft Access 数据库的表中。

（9）"超链接"类型字段主要用于存储超链接的地址。

（10）"附件"类型字段是 Access 2007 新增加的数据类型。使用"附件"字段可将多个文件（例如图像）附加到记录中。通常应使用"附件"字段代替"DLE 对象"字段，因为"DLE 对象"字段支持的文件类型比"附件"字段少。此外，"DLE 对象"字段不允许将多个文件附加到一条记录中。

（11）"查阅向导"类型字段用于创建从其他表中查阅数据的"查阅"字段，通过一系列的向导对话框进行创建。

第 4 步：依照同样的方法按表 3.3.1 结构分别设置"姓名"字段类型为"文本"，"字段大小"为"10"，"性别"字段类型为"文本"，"字段大小"为"1"，有效性规则为" " 男 " Or " 女 " "，其中的双引号应在英文半角状态下输入，如图 3.3.9 所示。

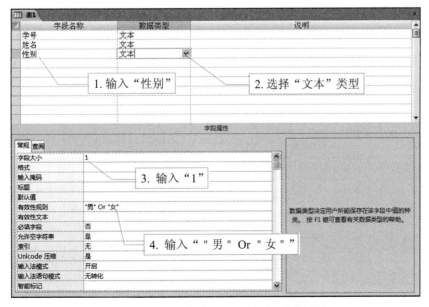

图 3.3.9　设置"姓名"和"性别"字段属性

第 5 步：在 "字段名称" 栏中输入 "出生日期"，对应的 "数据类型" 栏中选择 "日期 / 时间" 类型，在 "常规" 选项卡中设置 "格式" 为 "短日期"，如图 3.3.10 所示。

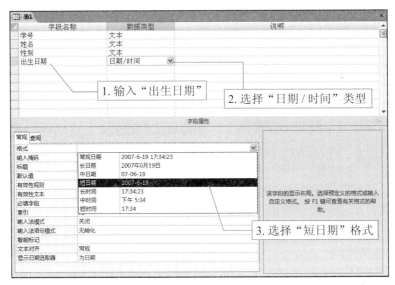

图 3.3.10　设置 "出生日期" 字段属性

第 6 步：在 "字段名称" 栏中输入 "所学专业"，对应的 "数据类型" 栏中选择 "查阅向导 ..." 类型，弹出 "查阅向导" 对话框①，选择 "自行键入所需的值" 单选按钮，如图 3.3.11 所示。

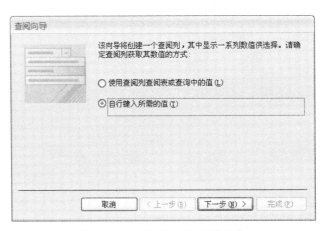

图 3.3.11　"查阅向导" 对话框①

单击 "下一步" 按钮，进入 "查阅向导" 对话框②，如图 3.3.12 所示。

输入 "计算机及应用"、"数字媒体技术"、"电子商务"、"计算机网络技术"，然后单击 "下一步" 按钮，进入 "查阅向导" 对话框③，如图 3.3.13 所示。

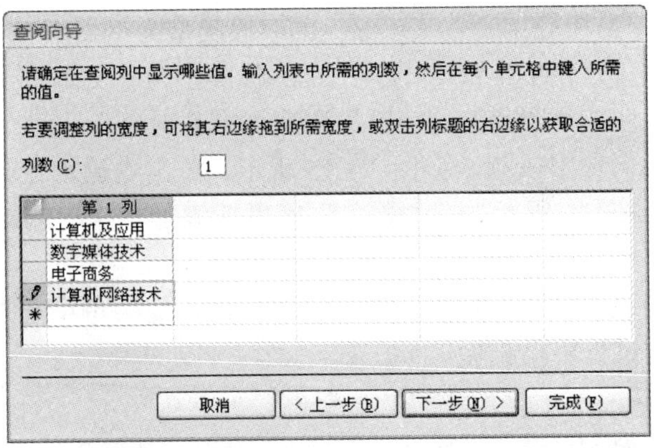

图 3.3.12　"查阅向导"对话框②

图 3.3.13　"查阅向导"对话框③

　　默认的查询列指定标签为"所学专业",单击"完成"按钮返回设计视图,在"常规"选项卡中设置"字段大小"为"10";如选择"查阅"选项卡,可以在"行来源"中看到"计算机及应用"、"数字媒体技术"、"电子商务"、"计算机网络技术"选项,如图 3.3.14 所示。

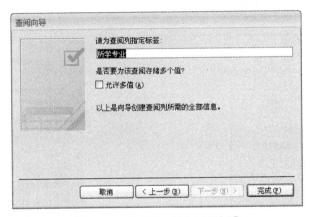

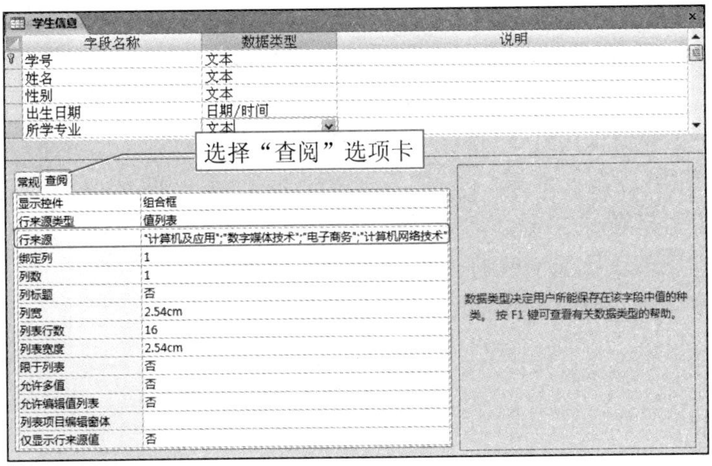

图 3.3.14　设置"所学专业"字段属性

第 7 步：按表 3.3.1 结构分别设置 "班级" 的字段类型为 "文本"，字段大小为 "4"；"是否团员" 的字段类型为 "是 / 否"；"QQ 号码" 的字段类型为 "文本"，字段大小为 "20"；"特长" 的字段类型为 "备注"；"照片" 的字段类型为 "OLE 对象"。

第 8 步：选择 "姓名" 字段行，如图 3.3.15 所示，单击右键，在弹出的快捷菜单中选择 "插入行" 命令，如图 3.3.16 所示。在 "姓名" 字段前添加一个 "测试" 字段，数据类型为 "文本"，字段大小为 "10"。

第 9 步：选择 "测试" 字段，单击右键，在弹出的快捷菜单中选择 "删除行" 命令，如图 3.3.17 所示，将 "测试" 字段删除。

图 3.3.15　选择 "姓名" 字段行

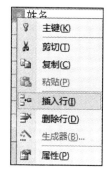

图 3.3.16　"插入行" 命令　　　　　图 3.3.17　"删除行" 命令

小贴士

第 8、9 步是在设计视图中实现字段的添加和删除操作。

第 10 步：全部字段定义完后，右键单击 "学号" 字段行，在弹出的快捷菜单中选择 "主键" 命令，如图 3.3.18 所示；或选择 "学号" 字段行，单击 "设计" 选项卡中的 "主键" 按钮，设置 "学号" 字段为主键，如图 3.3.19 所示。

图 3.3.18　通过快捷菜单设置主键

图 3.3.19 通过 "主键" 按钮设置主键

小贴士

主键是用于唯一标识表中每条记录的一个或一组字段。Access 建议用户为每个表设置一个主键，这样在执行查询时可以加快查找速度；还可以利用主键定义多个表之间的关系，以便检索存储在不同表中的数据。

通常，可以用唯一的标识号（如 ID 号、序列号或编码）充当表中的主键。例如，"学生信息" 表中的每个学生都有一个唯一的 "学号"，所以 "学号" 字段就可以设置为主键。

第 11 步：保存对表设计的更改，并重命名 "表 1" 为 "学生信息" 表，退出设计视图。

第 12 步：双击 "所有表" 列表中的 "学生信息" 表，进入 "学生信息" 表的数据表视图，如图 3.3.20 所示。

图 3.3.20 "学生信息" 表的数据表视图

第 13 步：在 "学号" 字段中输入 "20110101"，"姓名" 字段输入 "郭自强"，"性别" 字段输入 "男"，"出生日期" 字段输入 "1995-1-8"，在 "所学专业" 字段列表中选择 "计算机及应用"，"班级" 字段输入 1101，"是否团员" 字段不做勾选操作，"QQ 号码" 字段输入

"999888","特长"字段输入"钢琴",如图 3.3.21 所示。

图 3.3.21 输入一条记录的"学生信息"表

第 14 步：鼠标右键单击"照片"字段数据区，在弹出的快捷菜单中选择"插入对象"命令，如图 3.3.22 所示。弹出"Microsoft Office Access"对话框，选择"新建"单选按钮，将对象类型设置为"位图图像"，然后单击"确定"按钮，如图 3.3.23 所示。

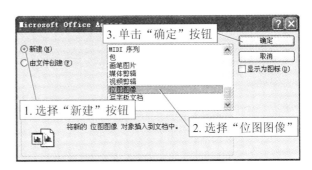

图 3.3.22 选择"插入对象"命令　　图 3.3.23 "Microsoft Office Access"对话框（一）

第 15 步：系统弹出一个空白的图片编辑窗口，单击标题栏中"工具"按钮，在下拉菜单中选择"粘贴来源"命令，如图 3.3.24 所示。

第 16 步：在弹出的"粘贴来源"对话框中选择所需图片文件的位置和名称，单击"打开"按钮，相应的图片即被粘贴到图片编辑窗口中，如图 3.3.25 所示。编辑完成后，单击标题栏中"文件"按钮，在下拉菜单中选择"更新学生信息"命令，如图 3.3.26 所示，完成对数据源的更新，关闭该编辑窗口，返回"学生信息"的数据表视图，至此，"学生信息"表中的一条记录创建完成。

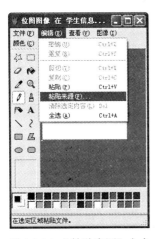  

图 3.3.24 "粘贴来源"命令　　图 3.3.25 粘贴图片　　图 3.3.26 更新"学生信息"表

小贴士

如果在图 3.3.27 所示的 Microsoft Office Access 对话框中选择"由文件创建"单选按钮，可单击"浏览"按钮，选择所需文件的位置和名称，单击"确定"按钮，文件内容即保存到"照片"字段中。

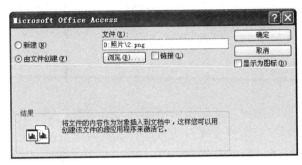

图 3.3.27　Microsoft Office Access 对话框（二）

【知识宝库】

表中的每个字段都有自己的一组属性，这些属性可以进一步定义该字段。下面介绍几个重要的字段属性。

1. 字段大小

在"常规"选项卡中可以设置字段的相关属性。

（1）当字段的数据类型为"文本"时，则"字段大小"属性的取值范围为 0~255，默认值为 255。

（2）当字段的数据类型为"自动编号"，则"字段大小"属性值可以设置为"长整数"和"同步复制 ID"。

（3）当字段的数据类型为"数字"，则"字段大小"属性值可以设置为"字节"、"整型"、"长整型"、"单精度型"、"双精度型"和"同步复制 ID"等。

2. 格式

（1）"格式"的属性用于设置当前字段的显示布局。除了"OLE 对象"数据类型的字段外，其他数据类型的字段都可以设置"格式"属性。

（2）对于"日期 / 时间"数据类型，系统提供了常规日期、长日期、中日期、短日期、长时间、中时间以及短时间等时间和日期格式。

（3）对于"货币"和"数字"数据类型，系统提供了常规数字、货币、欧元、固定、标准、百分比以及科学计数等数字格式。

（4）对于"文本"和"备注"数据类型，用户可以在"格式"属性框中输入特殊符号来创建自定义的格式。

（5）对于"是 / 否"数据类型，用户可以将其属性值设置为"是 / 否"、"真 / 假"或者"开/关"等。

3. 输入法模式

"输入法模式"属性用于确定当插入点移到该字段时打开或关闭中文输入法。Access 2007 为"文本"、"备注"、"日期 / 时间"以及"超链接"数据类型的字段提供了"输入法模式"

属性框。在该属性框中，用户可以选择"随意"、"开启"以及"关闭"等模式。

4. 标题

"标题"属性允许用户以另一个名称描述字段，以便在数据表视图或报表中使用该字段时替换字段名。如果未输入标题，系统自动将字段名称用作标题。

5. 默认值

"默认值"属性就是在创建新记录时自动添加到该字段中的预设数据。例如，在某个数据表的"城市"字段中可以将其默认值设置为"深圳"，这样在新增记录时，系统自动在该记录的"城市"字段中显示"深圳"。在 Access 2007 中，只有"自动编号"和"OLE 对象"数据类型不能设置"默认值"属性。

6. 有效性属性

字段的有效性属性可以在输入数据发生错误时对用户进行提示。字段的有效性属性有两个："有效性规则"属性和"有效性文本"属性。在设置有效性属性时，需要同时设置这两个属性。当一个字段值违反了"有效性规则"时，Access 不会接受这个值，而且会弹出一个对话框提示用户。例如，将"性别"字段的有效性规则设置为" " 男 " Or " 女 " "，有效性文本设置为"输入性别只能是男或女"。当用户误为"性别"字段输入为"难"或其他非指定值时，系统就会弹出对话框提示"输入性别只能是男或女"。

7. 必填字段

"必填字段"属性可以指定在当前字段中是否需要输入数据，即是否允许有空值。选择"是"选项后，用户在输入数据时必须在该字段中输入相应的值，并且该值不能为空值；选择"否"选项，则用户在输入数据时并不一定要在该字段中输入相应的值。

【体验活动】

1. 打开"图书管理系统"数据库"读者信息"表的设计视图，按表 3.3.2 所示设置各字段类型、字段大小及主键，并保存对数据库的修改。

表 3.3.2 "读者信息"表结构

字段名称	数据类型	字段大小	是否主键
借书证号	文本	10	是
姓名	文本	10	
性别	文本	1	
联系电话	文本	15	
已借数量	数字	整型	

2. 在"图书管理系统"数据库中创建"图书信息"表，表结构如表 3.3.3 所示。

表 3.3.3 "图书信息"表结构

字段名称	数据类型	字段大小	格式	小数位数	自行键入值	是否主键
书号	文本	20				是
书名	文本	20				
编者	文本	10				

续表

字段名称	数据类型	字段大小	格式	小数位数	自行键入值	是否主键
出版社	文本	15				
出版日期	日期 / 时间		短日期			
单价	货币			2		
图书类型	查阅向导	10			计算机 文学 经济 外语	
入馆时间	日期 / 时间		短日期			
馆藏量	数字	长整型				

任务 3.4　创建完整的 "学生信息" 表

【任务说明】

在任务 3.3 的基础上，通过输入数据创建 "学生信息" 表。在输入数据的过程中学会对数据记录进行添加、编辑、删除和复制等基本操作，能够查找和替换数据表中的相应数据。

【任务目标】

（1）熟练掌握记录的添加、编辑、复制和删除等基本操作方法。

（2）熟练掌握数据查找和替换的基本操作方法。

本任务中创建完成的 "学生信息" 表如图 3.4.1 所示。

学号	姓名	性别	出生日期	所学专业	班级	是否团员	QQ号码	特长	照片
20110101	郭自强	男	1995-1-8	计算机及应用	1101	□	999888	钢琴	位图图像
20110102	李双	女	1994-5-16	计算机及应用	1101	☑	880023	游泳	
20110103	林茂名	男	1994-6-18	计算机及应用	1101	□	654321	吉他	
20110104	吴莉群	女	1995-7-26	计算机及应用	1101	☑	111222	街舞	
20110105	马晓超	男	1995-5-20	计算机及应用	1101	☑	100010		
20110201	韦威强	男	1995-1-3	数字媒体技术	1102	□	558866	唱歌	
20110202	林晓	女	1994-9-10	数字媒体技术	1102	□	778899	民族舞	位图图像
20110203	刘鹏	男	1994-4-9	数字媒体技术	1102	☑	456456	乒乓球	
20110204	林诚志	男	1995-5-6	数字媒体技术	1102	☑	321321	唱歌	
20110205	曾圳梅	女	1996-10-23	数字媒体技术	1102	☑	686868	乒乓球	
20110301	庄小峰	男	1994-6-18	电子商务	1103	□	567567		位图图像
20110302	李东岳	男	1995-7-20	电子商务	1103	☑	555888	唱歌	
20110303	黄楚冰	女	1994-1-1	电子商务	1103	□	147147	唱歌	
20110304	颜瑞	男	1996-3-25	电子商务	1103	☑	336688	羽毛球	
20110305	马晓超	男	1995-6-29	电子商务	1103	☑	789789	相声	
20110401	宋玉泉	男	1994-12-18	计算机网络技术	1104	☑	918918	羽毛球	
20110402	高雨桐	女	1994-9-3	计算机网络技术	1104	□	112233	羽毛球	位图图像
20110403	张坤诚	男	1995-11-29	计算机网络技术	1104	☑	336699		
20110404	李智君	男	1994-6-25	计算机网络技术	1104	☑	618618	羽毛球	
20110405	黄叶恒	男	1996-7-8	计算机网络技术	1104	☑	921921	唱歌	

图 3.4.1 "学生信息" 表数据表视图

图 3.4.2 "新记录" 命令

【实现步骤】

第 1 步：参照任务 3.3 中第 13 ～ 16 步的方法，完成如图 3.4.1 所示的 "学生信息" 表，其中 "照片" 字段的值可自行设置。

第 2 步：选择任意一条记录，单击鼠标右键，在弹出快捷菜单中选择 "新记录" 命令，如图 3.4.2 所示，或单击 "新记录" 按钮，如

图 3.4.3 所示，插入点被移到数据表底端的空行上。

图 3.4.3 "新记录"按钮

第 3 步：按表 3.4.1 所示，输入 4 条新记录。输入新记录后的"学生信息"表如图 3.4.4 所示。

表 3.4.1 添加新记录

学号	姓名	性别	出生日期	所学专业	班级	是否团员	QQ 号码	特长	照片
20110206	王鹏鹏	男	1995-7-24	数字媒体技术	1102	☑	959529	唱歌	
20110306	唐泽权	男	1994-12-10	电子商务	1103	☐	555555		
20110307	王 军	男	1995-10-1	电子商务	1103	☑	222222	吉他	
20110408	李子君	女	1996-2-16	计算机网络技术	1104	☐	999999		

图 3.4.4 添加新记录后的"学生信息"表

第 4 步：对新记录进行编辑，将记录"20110206 王鹏鹏"的"特长"字段值由"唱歌"改为"街舞"，将记录"20110307 王军"的"出生日期"字段值由"1995-10-1"改为"1995-10-8"，如图 3.4.5 所示。

学号	姓名	性别	出生日期	所学专业	班级	是否团员	QQ号码	特长	照片
20110101	郭自强	男	1995-1-8	计算机及应用	1101	☐	999888	钢琴	位图图像
20110102	李双	女	1994-5-16	计算机及应用	1101	☑	880023	游泳	
20110103	林茂名	男	1994-6-18	计算机及应用	1101	☐	654321	吉他	
20110104	吴莉群	女	1995-7-26	计算机及应用	1101	☑	111222	街舞	
20110105	马晓超	男	1995-5-20	计算机及应用	1101	☑	100010		
20110201	韦威强	男	1995-1-3	数字媒体技术	1102	☑	558866	唱歌	
20110202	林晓	女	1994-9-10	数字媒体技术	1102	☐	778899	民族舞	位图图像
20110203	刘鹏	男	1994-4-9	数字媒体技术	1102	☑	456456	乒乓球	
20110204	林诚志	男	1995-5-6	数字媒体技术	1102	☑	321321	唱歌	
20110205	曾圳梅	女	1996-10-23	数字媒体技术	1102	☑	686868	乒乓球	
20110301	庄小峰	男	1994-6-18	电子商务	1103	☐	567567		位图图像
20110302	李东岳	男	1995-7-20	电子商务	1103	☐	555888	唱歌	
20110303	黄楚冰	女	1994-1-1	电子商务	1103	☐	147147	唱歌	
20110304	颜瑞	男	1996-3-25	电子商务	1103	☑	336688	羽毛球	
20110305	马晓超	男	1995-6-29	电子商务	1103	☑	789789	相声	
20110401	宋玉泉	男	1994-12-18	计算机网络技术	1104	☑	918918	羽毛球	
20110402	高雨桐	女	1994-9-3	计算机网络技术	1104	☐	112233	羽毛球	位图图像
20110403	张坤诚	男	1995-11-29	计算机网络技术	1104	☑	336699		
20110404	李智君	男	1994-6-25	计算机网络技术	1104	☑	618618	羽毛球	
20110405	黄叶恒	男	1996-7-8	计算机网络技术	1104	☑	921921	唱歌	
20110206	王鹏鹏	男	1995-7-24	数字媒体技术	1102	☐	959529	街舞	
20110306	唐泽权	男	1994-12-10	电子商务	1103	☐	555555		
20110307	王军	男	1995-10-8	电子商务	1103	☑	222222	吉他	
20110408	李子君	女	1996-2-16	计算机网络技术	1104	☐	999999		

图 3.4.5 编辑后的记录

第 5 步：选中记录"20110307 王军"，如图 3.4.6 所示，单击右键，在弹出的快捷菜单中选择"复制"命令，如图 3.4.7 所示；或者单击"开始"选项卡的"复制"按钮，如图 3.4.8 所示。

学号	姓名	性别	出生日期	所学专业	班级	是否团员	QQ号码	特长	照片
20110101	郭自强	男	1995-1-8	计算机及应用	1101	☐	999888	钢琴	位图图像
20110102	李双	女	1994-5-16	计算机及应用	1101	☑	880023	游泳	
20110103	林茂名	男	1994-6-18	计算机及应用	1101	☐	654321	吉他	
20110104	吴莉群	女	1995-7-26	计算机及应用	1101	☑	111222	街舞	
20110105	马晓超	男	1995-5-20	计算机及应用	1101	☑	100010		
20110201	韦威强	男	1995-1-3	数字媒体技术	1102	☑	558866	唱歌	位图图像
20110202	林晓	女	1994-9-10	数字媒体技术	1102	☐	778899	民族舞	
20110203	刘鹏	男	1994-4-9	数字媒体技术	1102	☑	456456	乒乓球	
20110204	林诚志	男	1995-5-6	数字媒体技术	1102	☑	321321	唱歌	
20110205	曾圳梅	女	1996-10-23	数字媒体技术	1102	☑	686868	乒乓球	
20110301	庄小峰	男	1994-6-18	电子商务	1103	☐	567567		位图图像
20110302	李东岳	男	1995-7-20	电子商务	1103	☑	555888	唱歌	
20110303	黄楚冰	女	1994-1-1	电子商务	1103	☐	147147	唱歌	
20110304	颜瑞	男	1996-3-25	电子商务	1103	☑	336688	羽毛球	
20110305	马晓超	男	1995-6-29	电子商务	1103	☑	789789	相声	
20110401	宋玉泉	男	1994-12-18	计算机网络技术	1104	☑	918918	羽毛球	
20110402	高雨桐	女	1994-9-3	计算机网络技术	1104	☐	112233	羽毛球	位图图像
20110403	张坤诚	男	1995-11-29	计算机网络技术	1104	☑	336699		
20110404	李智君	男	1994-6-25	计算机网络技术	1104	☑	618618	羽毛球	
20110405					1104	☐	921921	唱歌	
20110206					1102	☐	959529	街舞	
20110306	唐泽权		1994-12-10	电子商务	1103	☐	555555		
20110307	王军	男	1995-10-8	电子商务	1103	☑	222222	吉他	
20110408	李子君	女	1996-2-16	计算机网络技术	1104	☐	999999		

1. 单击此处，选中该记录

记录: ◄ 第 23 项(共 243) ► ►► 无筛选器 搜索

图 3.4.6 选择记录

图 3.4.7 "复制"命令

图 3.4.8 "复制"按钮

第 6 步：选中最后的空记录，如图 3.4.9 所示，单击右键，在弹出的快捷菜单中选择"粘贴"命令，如图 3.4.10 所示；或者单击"开始"选项卡的"粘贴"按钮，如图 3.4.11 所示，将数据粘贴在数据表的指定位置。

学号	姓名	性别	出生日期	所学专业	班级	是否团员	QQ号码	特长	照片
20110101	郭自强	男	1995-1-8	计算机及应用	1101	□	999888	钢琴	位图图像
20110102	李双	女	1994-5-16	计算机及应用	1101	☑	880023	游泳	
20110103	林茂名	男	1994-6-18	计算机及应用	1101	□	654321	吉他	
20110104	吴莉群	女	1995-7-26	计算机及应用	1101	☑	111222	街舞	
20110105	马晓超	男	1995-5-20	计算机及应用	1101	□	100010		
20110201	韦威强	男	1995-1-3	数字媒体技术	1102	☑	558866	唱歌	
20110202	林晓	女	1994-9-10	数字媒体技术	1102	□	778899	民族舞	位图图像
20110203	刘鹏	男	1994-4-9	数字媒体技术	1102	☑	456456	乒乓球	
20110204	林诚志	男	1995-5-6	数字媒体技术	1102	☑	321321	唱歌	
20110205	曾圳梅	女	1996-10-23	数字媒体技术	1102	☑	686868	乒乓球	
20110301	庄小峰	男	1994-6-18	电子商务	1103	□	567567		位图图像
20110302	李东岳	男	1995-7-20	电子商务	1103	☑	555888	唱歌	
20110303	黄楚冰	女	1994-1-1	电子商务	1103	□	147147	唱歌	
20110304	颜塽	男	1996-3-25	电子商务	1103	☑	336688	羽毛球	
20110305	马晓超	男	1995-6-29	电子商务	1103	☑	789789	相声	
20110401	宋玉泉	男	1994-12-18	计算机网络技术	1104	☑	918918	羽毛球	
20110402	高雨桐	女	1994-9-3	计算机网络技术	1104	□	112233	羽毛球	位图图像
20110403	张坤诚	男	1995-11-29	计算机网络技术	1104	☑	336699		
20110404	李智君	男	1994-6-25	计算机网络技术	1104	☑	618618	羽毛球	
20110405	黄叶恒	男	1996-7-8	计算机网络技术	1104	☑	921921	唱歌	
20110206	王鹏鹏	男	1995-7-24	数字媒体技术	1102	☑	959529	街舞	
20110306	唐泽权	男	1994-12-10	电子商务	1103	□	555555		
20110307	王军	男	1995-10-8	电子商务	1103	☑	222222	吉他	
20110408	李子君	女	1996-2-16	计算机网络技术	1104	□	999999		

图 3.4.9 选择粘贴的位置

图 3.4.10 "粘贴"命令

图 3.4.11 "粘贴"按钮

第 7 步：粘贴后的数据表如图 3.4.12 所示，用鼠标单击数据表任意一处，将弹出"Microsoft Office Access"对话框，如图 3.4.13 所示。

学号	姓名	性别	出生日期	所学专业	班级	是否团员	QQ号码	特长	照片
20110101	郭自强	男	1995-1-8	计算机及应用	1101	☐	999888	钢琴	位图图像
20110102	李双	女	1994-5-16	计算机及应用	1101	☑	880023	游泳	
20110103	林茂名	男	1994-6-18	计算机及应用	1101	☐	654321	吉他	
20110104	吴莉群	女	1995-7-26	计算机及应用	1101	☑	111222	街舞	
20110105	马晓超	男	1995-5-20	计算机及应用	1101	☐	100010		
20110201	韦威强	男	1995-1-3	数字媒体技术	1102	☑	558866	唱歌	
20110202	林晓	女	1994-9-10	数字媒体技术	1102	☐	778899	民族舞	位图图像
20110203	刘鹏	男	1994-4-9	数字媒体技术	1102	☑	456456	乒乓球	
20110204	林诚志	男	1995-5-6	数字媒体技术	1102	☑	321321	唱歌	
20110205	曾圳梅	女	1996-10-23	数字媒体技术	1102	☐	686868	乒乓球	
20110301	庄小峰	男	1994-6-18	电子商务	1103	☐	567567		位图图像
20110302	李东岳	男	1995-7-20	电子商务	1103	☑	555888	唱歌	
20110303	黄楚冰	女	1994-1-1	电子商务	1103	☐	147147	唱歌	
20110304	颜瑞	男	1996-3-25	电子商务	1103	☑	336688	羽毛球	
20110305	马晓超	男	1995-6-29	电子商务	1103	☑	789789	相声	
20110401	宋玉泉	男	1994-12-18	计算机网络技术	1104	☑	918918	羽毛球	
20110402	高雨桐	女	1994-9-3	计算机网络技术	1104	☑	112233	羽毛球	位图图像
20110403	张坤诚	男	1995-11-29	计算机网络技术	1104	☑	336699		
20110404	李智君	男	1994-6-25	计算机网络技术	1104	☑	618618	羽毛球	
20110405	黄叶恒	男	1996-7-8	计算机网络技术	1104	☑	921921	唱歌	
20110206	王鹏鹏	男	1995-7-24	数字媒体技术	1102	☑	959529	街舞	
20110306	唐泽权	男	1994-12-10	电子商务	1103	☐	555555		
20110307	王军	男	1995-10-8	电子商务	1103	☑	222222	吉他	
20110408	李子君	女	1996-2-16	计算机网络技术	1104	☑	999999		
20110307	王军	男	1995-10-8	电子商务	1103	☑	222222	吉他	

图 3.4.12 粘贴记录

图 3.4.13 "Microsoft Office Access"提示对话框

✍ 小贴士

在"学生信息"表的设计视图中，已经将"学号"字段设置为主键，主键字段的值在数据表中必须是唯一的。由于出现了两个同样的学号"20110307"，所以弹出提示对话框。

第 8 步：单击提示对话框"确定"按钮，将复制记录的"学号"字段由"20110307"改为"20110308"，如图 3.4.14 所示。

学号	姓名	性别	出生日期	所学专业	班级	是否团员	QQ号码	特长	照片
20110101	郭自强	男	1995-1-8	计算机及应用	1101	☐	999888	钢琴	位图图像
20110102	李双	女	1994-5-16	计算机及应用	1101	☑	880023	游泳	
20110103	林茂名	男	1994-6-18	计算机及应用	1101	☐	654321	吉他	
20110104	吴莉群	女	1995-7-26	计算机及应用	1101	☑	111222	街舞	
20110105	马晓超	男	1995-5-20	计算机及应用	1101	☑	100010		
20110201	韦威强	男	1995-1-3	数字媒体技术	1102	☑	558866	唱歌	
20110202	林晓	女	1994-9-10	数字媒体技术	1102	☐	778899	民族舞	位图图像
20110203	刘鹏	男	1994-4-9	数字媒体技术	1102	☑	456456	乒乓球	
20110204	林诚志	男	1995-5-6	数字媒体技术	1102	☑	321321	唱歌	
20110205	曾圳梅	女	1996-10-23	数字媒体技术	1102	☑	686868	乒乓球	
20110301	庄小峰	男	1994-6-18	电子商务	1103	☐	567567		位图图像
20110302	李东岳	男	1995-7-20	电子商务	1103	☑	555888	唱歌	
20110303	黄楚冰	女	1994-1-1	电子商务	1103	☐	147147	唱歌	
20110304	颜瑞	男	1996-3-25	电子商务	1103	☑	336688	羽毛球	
20110305	马晓超	男	1995-6-29	电子商务	1103	☑	789789	相声	
20110401	宋玉泉	男	1994-12-18	计算机网络技术	1104	☑	918918	羽毛球	
20110402	高雨桐	女	1994-9-3	计算机网络技术	1104	☐	112233	羽毛球	位图图像
20110403	张坤诚	男	1995-11-29	计算机网络技术	1104	☑	336699		
20110404	李智君	男	1994-6-25	计算机网络技术	1104	☑	618618	羽毛球	
20110405	黄叶恒	男	1996-7-8	计算机网络技术	1104	☑	921921	唱歌	
20110206	王鹏鹏	男	1995-7-24	数字媒体技术	1102	☑	959529	街舞	
20110306	唐泽权	男	1994-12-10	电子商务	1103	☐	555555		
20110307	王军	男	1995-10-8	电子商务	1103	☑	222222	吉他	
20110408	李子君	女	1996-2-16	计算机网络技术	1104	☐	999999		
20110308	王军	男	1995-10-8	电子商务	1103	☑	222222	吉他	

图 3.4.14　编辑重复的主键数据

第 9 步：选中倒数 5 条记录"20110206 王鹏鹏"、"20110306 唐泽权"、"20110307 王军"、"20110408 李子君"、"20110308 王军"，如图 3.4.15 所示，按 Ctrl 键的同时单击右键，在弹出的快捷菜单中选择"删除"命令，如图 3.4.16 所示；或者单击"开始"选项卡的"删除"按钮，如图 3.4.17 所示，将选中的 5 条记录删除。删除后的"学生信息"表如图 3.4.18 所示。

学号	姓名	性别	出生日期	所学专业	班级	是否团员	QQ号码	特长	照片
20110202	林晓	女	1994-9-10	数字媒体技术	1102	☐	778899	民族舞	位图图像
20110203	刘鹏	男	1994-4-9	数字媒体技术	1102	☑	456456	乒乓球	
20110204	林诚志	男	1995-5-6	数字媒体技术	1102	☑	321321	唱歌	
20110205	曾圳梅	女	1996-10-23	数字媒体技术	1102	☑	686868	乒乓球	
20110301	庄小峰	男	1994-6-18	电子商务	1103	☐	567567		位图图像
20110302	李东岳	男	1995-7-20	电子商务	1103	☑	555888	唱歌	
20110303	黄楚冰	女	1994-1-1	电子商务	1103	☐	147147	唱歌	
20110304	颜瑞	男	1996-3-25	电子商务	1103	☑	336688	羽毛球	
20110305	马晓超	男	1995-6-29	电子商务	1103	☑	789789	相声	
20110401	宋玉泉	男	1994-12-18	计算机网络技术	1104	☑	918918	羽毛球	
20110402	高雨桐	女	1994-9-3	计算机网络技术	1104	☐	112233	羽毛球	位图图像
20110403	张坤诚	男	1995-11-29	计算机网络技术	1104	☑	336699		
20110404	李智君	男	1994-6-25	计算机网络技术	1104	☑	618618	羽毛球	
20110405	黄叶恒	男	1996-7-8	计算机网络技术	1104	☑	921921	唱歌	
20110206	王鹏鹏	男	1995-7-24	数字媒体技术	1102	☑	959529	街舞	
20110306	唐泽权	男	1994-12-10	电子商务	1103	☐	555555		
20110307	王军	男	1995-10-8	电子商务	1103	☑	222222	吉他	
20110408	李子君	女	1996-2-16	计算机网络技术	1104	☐	999999		
20110308	王军	男	1995-10-8	电子商务	1103	☑	222222	吉他	

图 3.4.15　选中多条记录

图 3.4.16　"删除记录"命令

图 3.4.17 "删除"按钮

学号	姓名	性别	出生日期	所学专业	班级	是否团员	QQ号码	特长	照片
20110101	郭自强	男	1995-1-8	计算机及应用	1101	☐	999888	钢琴	位图图像
20110102	李双	女	1994-5-16	计算机及应用	1101	☑	880023	游泳	
20110103	林茂名	男	1994-6-18	计算机及应用	1101	☐	654321	吉他	
20110104	吴莉群	女	1995-7-26	计算机及应用	1101	☑	111222	街舞	
20110105	马晓超	男	1995-5-20	计算机及应用	1101	☑	100010		
20110201	韦威强	男	1995-1-3	数字媒体技术	1102	☑	558866	唱歌	
20110202	林晓	女	1994-9-10	数字媒体技术	1102	☐	778899	民族舞	位图图像
20110203	刘鹏	男	1994-4-9	数字媒体技术	1102	☑	456456	乒乓球	
20110204	林诚志	男	1995-5-6	数字媒体技术	1102	☑	321321	唱歌	
20110205	曾圳梅	女	1996-10-23	数字媒体技术	1102	☑	686868	乒乓球	
20110301	庄小峰	男	1994-6-18	电子商务	1103	☐	567567		位图图像
20110302	李东岳	男	1995-7-20	电子商务	1103	☑	555888	唱歌	
20110303	黄楚冰	女	1994-1-1	电子商务	1103	☐	147147	唱歌	
20110304	颜瑞	女	1996-3-25	电子商务	1103	☑	336688	羽毛球	
20110305	马晓超	男	1995-6-29	电子商务	1103	☐	789789	相声	
20110401	宋玉泉	男	1994-12-18	计算机网络技术	1104	☑	918918	羽毛球	
20110402	高雨桐	女	1994-9-3	计算机网络技术	1104	☐	112233	羽毛球	位图图像
20110403	张坤诚	男	1995-11-29	计算机网络技术	1104	☑	336699		
20110404	李智君	男	1994-6-25	计算机网络技术	1104	☑	618618	羽毛球	
20110405	黄叶恒	男	1996-7-8	计算机网络技术	1104	☑	921921	唱歌	

图 3.4.18 "学生信息"表

小贴士

在数据表视图中对记录进行添加、编辑、复制、删除等操作主要有以下两种方法：
- 单击鼠标右键，在弹出的快捷菜单中选择相应的命令。
- 在"开始"选项卡中单击相应的按钮。

第 10 步：将光标定位在"学生信息"表中的任意一个单元格中，单击"开始"选项卡的"查找"按钮，如图 3.4.19 所示，弹出"查找和替换"对话框，在"查找内容"文本框中输入"唱歌"，选择"查找范围"为"学生信息"，"匹配"为"字段任何部分"，"搜索"范围为"全部"，如图 3.4.20 所示，单击"查找下一个"按钮，开始进行查找。

图 3.4.19 "查找"按钮

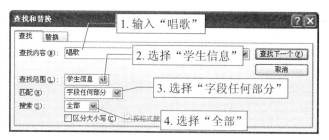

图 3.4.20 "查找和替换"对话框

第 11 步：查找到的内容会反白显示，如图 3.4.21 所示。单击"查找下一个"按钮，将继续进行查找。当查找到最后一处时，会弹出"Microsoft Office Access"提示对话框，如图 3.4.22 所示，单击"确定"按钮结束查找。

图 3.4.21 反白显示查找到的内容

图 3.4.22 "Microsoft Office Access"提示查找结束对话框

第 12 步：将光标定位在"学生信息"表中"特长"字段的任意一个单元格中，单击"开始"选项卡的"替换"按钮，如图 3.4.23 所示，弹出"查找和替换"对话框，单击"替换"选项卡，在"查找内容"文本框中输入"羽毛球"，"替换为"文本框中输入"篮球"，选择"查找范围"为"特长"，"匹配"为"字段任何部分"，"搜索"范围为"全部"，如图 3.4.24 所示。

图 3.4.23 "替换"按钮

图 3.4.24 "替换"选项卡

第 13 步：单击"查找下一个"按钮，找到后，单击一次"替换"按钮，将执行一次替换操作。如果要一次性替换全部指定内容，可单击"全部替换"按钮，此时会弹出"Microsoft Office Access"提示对话框，如图 3.4.25 所示，单击"是"按钮，确定要继续，操作完毕后，单击"关闭"按钮。

图 3.4.25 "Microsoft Office Access"提示撤销对话框

第 14 步：将"学生信息"表中"特长"为"篮球"的字段内容替换为"羽毛球"。替换操作完成后请还原对数据表的修改。

> **小贴士**
>
> 在数据表视图中对记录进行查找和替换等操作有如下方法。
> 查找：单击"开始"选项卡上的"查找"按钮或按快捷键 Ctrl + F。
> 替换：单击"开始"选项卡上的"替换"按钮或按快捷键 Ctrl + H。

【体验活动】

如表 3.4.2 所示，在数据表视图中通过输入数据实现完整的"图书信息"表。

表 3.4.2 "图书信息"表数据

书号	书名	编者	出版社	出版日期	单价	图书类别	入馆时间	馆藏量
7-5053-3009-8	计算机硬件基础	陈致明	电子工业出版社	1998-2-1	￥11.00	计算机	2003-5-10	10
7-115-12155-9	计算机应用基础	高长铎	人民邮电出版社	2004-6-1	￥19.80	计算机	2005-9-1	3
978-7-121-05046-6	电脑上网基础与实例教程	周　峰	电子工业出版社	2007-10-1	￥28.00	计算机	2008-1-8	2
7-302-07546-8	网络布线原理与实施	吴越胜	清华大学出版社	2004-1-1	￥28.00	计算机	2008-5-1	4

书号	书名	编者	出版社	出版日期	单价	图书类别	入馆时间	馆藏量
978-7-302-12298-2	中国文学史	林 庚	清华大学出版社	2009-12-1	￥28.00	文学	2009-12-25	4
978-7-04-027503-2	外国文学名著导读	刘洪涛	高等教育出版社	2009-8-20	￥26.00	文学	2010-3-1	2
978-7-302-19638-9	计算机组装与维护实用教程	缪 亮	清华大学出版社	2009-8-1	￥29.50	计算机	2010-3-3	6
978-7-04-024799-2	博流英语（综合教程）	朱宾忠	高等教育出版社	2009-12-30	￥36.00	外语	2010-3-5	2
7-5617-2158-7	高考英语 900 句	尹福昌	华东师范大学出版社	2010-3-1	￥12.00	外语	2010-3-10	6
978-7-04-026810-2	计算机应用基础	黄国兴	高等教育出版社	2009-6-1	￥19.40	计算机	2010-9-1	10
978-7-5617-7639-1	智慧文学	里查德	华东师范大学出版社	2010-7-1	￥29.80	文学	2010-11-1	6
978-7-5617-5704-8	平面设计——Photoshop CS2	王 维	华东师范大学出版社	2008-4-1	￥29.80	计算机	2010-12-10	5
978-7-04-023417-6	Access 2003 数据库应用基础	周察金	高等教育出版社	2008-6-1	￥21.50	计算机	2011-6-5	8
978-7-04-028010-4	国际金融	杨胜刚	高等教育出版社	2009-10-10	￥33.00	经济	2011-7-10	8
978-7-5617-7769-5	会计学	陈国嘉	华东师范大学出版社	2010-8-1	￥36.00	经济	2011-7-10	8

任务 3.5 排序和筛选"学生信息"表中记录

【任务说明】

对"学生信息"表中的"出生日期"字段按由小到大排序，再将"学号"字段按由小到大排序。筛选出是团员的学生记录，然后清除筛选器。

【任务目标】

（1）熟练掌握对数据记录的升序和降序排列操作。

（2）熟练掌握对数据记录指定条件的筛选操作。

【实现步骤】

第 1 步：单击"出生日期"字段名右侧的箭头，在弹出下拉菜单中选择"升序"命令，如图 3.5.1 所示，将"学生信息"表中所有记录的"出生日期"字段按由小到大排列，如图 3.5.2 所示。

第 2 步：单击"学号"字段名右侧的箭头，在弹出的下拉菜单中选择"升序"命令，将"学生信息"表中所有记录的"学号"字段按由小到大排列，如图 3.5.3 所示。

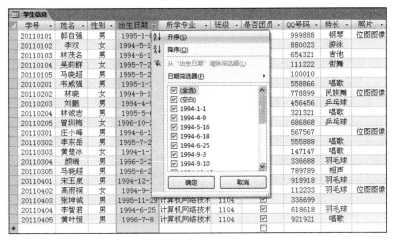

图 3.5.1 "升序" 命令

学号	姓名	性别	出生日期	所学专业	班级	是否团员	QQ号码	特长	照片
20110303	黄楚冰	女	1994-1-1	电子商务	1103	☐	147147	唱歌	
20110203	刘鹏	男	1994-4-9	数字媒体技术	1102	☑	456456	乒乓球	
20110102	李双	女	1994-5-16	计算机及应用	1101	☑	880023	游泳	
20110301	庄小峰	男	1994-6-18	电子商务	1103	☐	567567		位图图像
20110103	林茂名	男	1994-6-18	计算机及应用	1101	☐	654321	吉他	
20110404	李智君	男	1994-6-25	计算机网络技术	1104	☑	618618	羽毛球	
20110402	高雨桐	女	1994-9-3	计算机网络技术	1104	☐	112233	羽毛球	位图图像
20110202	林晓	女	1994-9-10	数字媒体技术	1102	☐	778899	民族舞	位图图像
20110401	宋玉泉	男	1994-12-18	计算机网络技术	1104	☑	918918	羽毛球	
20110201	韦威强	男	1995-1-3	数字媒体技术	1102	☑	558866	唱歌	
20110101	郭自强	男	1995-1-8	计算机及应用	1101	☐	999888	钢琴	位图图像
20110204	林诚志	男	1995-5-6	数字媒体技术	1102	☑	321321	唱歌	
20110105	马晓超	男	1995-5-20	计算机及应用	1101	☑	100010		
20110305	马晓超	男	1995-6-29	电子商务	1103	☑	789789	相声	
20110302	李东岳	男	1995-7-20	电子商务	1103	☑	555888	唱歌	
20110104	吴莉群	女	1995-7-26	计算机及应用	1101	☑	111222	街舞	
20110403	张坤诚	男	1995-11-29	计算机网络技术	1104	☑	336699		
20110304	颜瑞	男	1996-3-25	电子商务	1103	☑	336688	羽毛球	
20110405	黄叶恒	男	1996-7-8	计算机网络技术	1104	☑	921921	唱歌	
20110205	曾圳梅	女	1996-10-23	数字媒体技术	1102	☑	686868	乒乓球	
*						☐			

图 3.5.2 对 "出生日期" 升序排列的 "学生信息" 表

学号	姓名	性别	出生日期	所学专业	班级	是否团员	QQ号码	特长	照片
20110101	郭自强	男	1995-1-8	计算机及应用	1101	☐	999888	钢琴	位图图像
20110102	李双	女	1994-5-16	计算机及应用	1101	☑	880023	游泳	
20110103	林茂名	男	1994-6-18	计算机及应用	1101	☐	654321	吉他	
20110104	吴莉群	女	1995-7-26	计算机及应用	1101	☑	111222	街舞	
20110105	马晓超	男	1995-5-20	计算机及应用	1101	☑	100010		
20110201	韦威强	男	1995-1-3	数字媒体技术	1102	☑	558866	唱歌	
20110202	林晓	女	1994-9-10	数字媒体技术	1102	☐	778899	民族舞	位图图像
20110203	刘鹏	男	1994-4-9	数字媒体技术	1102	☑	456456	乒乓球	
20110204	林诚志	男	1995-5-6	数字媒体技术	1102	☑	321321	唱歌	
20110205	曾圳梅	女	1996-10-23	数字媒体技术	1102	☑	686868	乒乓球	
20110301	庄小峰	男	1994-6-18	电子商务	1103	☐	567567		位图图像
20110302	李东岳	男	1995-7-20	电子商务	1103	☑	555888	唱歌	
20110303	黄楚冰	女	1994-1-1	电子商务	1103	☑	147147	唱歌	
20110304	颜瑞	男	1996-3-25	电子商务	1103	☑	336688	羽毛球	
20110305	马晓超	男	1995-6-29	电子商务	1103	☑	789789	相声	
20110401	宋玉泉	男	1994-12-18	计算机网络技术	1104	☑	918918	羽毛球	
20110402	高雨桐	女	1994-9-3	计算机网络技术	1104	☐	112233	羽毛球	位图图像
20110403	张坤诚	男	1995-11-29	计算机网络技术	1104	☑	336699		
20110404	李智君	男	1994-6-25	计算机网络技术	1104	☑	618618	羽毛球	
20110405	黄叶恒	男	1996-7-8	计算机网络技术	1104	☑	921921	唱歌	
*									

图 3.5.3 对 "学号" 升序排列的 "学生信息" 表

第3步：单击 "是否团员" 字段名右侧的箭头，在弹出的下拉菜单中仅勾选 "Yes" 选项，然后单击 "确定" 按钮，如图 3.5.4 所示，数据表视图中仅显示是团员的学生记录，如图 3.5.5 所示。

图 3.5.4 勾选 "Yes" 选项

学号	姓名	性别	出生日期	所学专业	班级	是否团员	QQ号码	特长	照片
20110102	李双	女	1994-5-16	计算机及应用	1101	☑	880023	游泳	
20110104	吴莉群	女	1995-7-26	计算机及应用	1101	☑	111222	街舞	
20110105	马晓超	男	1995-5-20	计算机及应用	1101	☑	100010		
20110201	韦威强	男	1995-1-3	数字媒体技术	1102	☑	558866		
20110203	刘鹏	男	1994-4-9	数字媒体技术	1102	☑	456456	乒乓球	
20110204	林诚志	男	1995-5-6	数字媒体技术	1102	☑	321321	唱歌	
20110205	曾圳梅	女	1996-10-23	数字媒体技术	1102	☑	686868	乒乓球	
20110302	李东岳	男	1995-5-24	电子商务	1103	☑	555888	唱歌	
20110304	颜瑞	男	1996-3-25	电子商务	1103	☑	336688	羽毛球	
20110305	马晓超	男	1995-6-29	电子商务	1103	☑	789789	相声	
20110201	宋玉泉	男	1994-12-18	计算机网络技术	1104	☑	918918	羽毛球	
20110403	张坤诚	男	1995-11-29	计算机网络技术	1104	☑	336699		
20110404	李智君	男	1994-6-25	计算机网络技术	1104	☑	618618	羽毛球	
20110405	黄叶恒	男	1996-7-8	计算机网络技术	1104	☑	921921	唱歌	

图 3.5.5 仅显示是团员的学生记录

第4步：单击 "是否团员" 字段名右侧的箭头，在弹出的下拉菜单中选择 "从 '是否团员' 清除筛选器" 命令，然后单击 "确定" 按钮，如图 3.5.6 所示，即可恢复 "学生信息" 表所有记录的显示。

【体验活动】

1. 按 "出版社" 字段的升序对 "图书管理系统" 数据库中的 "图书信息" 表进行排序。

2. 按 "出版日期" 字段的降序对 "图书管理系统" 数据库中的 "图书信息" 表进行排序。

3. 筛选出 "图书管理系统" 数据库 "读者信息" 表中女读者的记录。

图 3.5.6 清除筛选器

4. 筛选出 "图书管理系统" 数据库 "读者信息" 表中从未借阅过图书的读者记录。

5. 筛选出"图书管理系统"数据库"图书信息"表中由"高等教育出版社"出版的图书记录。

任务 3.6 将"学生成绩"工作表导入 Access 数据库

【任务说明】

在 Access 数据库中,用户不仅可以通过输入数据、使用表模板、使用设计器创建数据表,还可以利用 Access 提供的导入功能从当前数据库外部获取数据。

【任务目标】

熟练掌握由 Excel 工作表数据创建表的方法。

【实现步骤】

第 1 步:在 Excel 工作簿中创建一个如图 3.6.1 所示的"学生成绩"工作表。

	A	B	C			A	B	C
1	学号	课程号	成绩		37	学号	课程号	成绩
2	20110101	001	85		37	20110301	002	88
3	20110101	002	74		38	20110301	003	90
4	20110101	003	96		39	20110301	004	87
5	20110101	004	82		40	20110302	001	78
6	20110102	001	81		41	20110302	002	65
7	20110102	002	73		42	20110302	003	58
8	20110102	003	79		43	20110302	004	76
9	20110102	004	90		44	20110303	001	70
10	20110103	001	65		45	20110303	002	77
11	20110103	002	53		46	20110303	003	80
12	20110103	004	80		47	20110303	004	89
13	20110104	001	78		48	20110304	002	88
14	20110104	002	84		49	20110304	003	79
15	20110104	003	93		50	20110305	001	87
16	20110104	004	62		51	20110305	002	55
17	20110105	001	65		52	20110305	003	78
18	20110105	002	76		53	20110305	004	86
19	20110105	003	88		54	20110401	001	84
20	20110105	004	92		55	20110401	002	72
21	20110201	001	66		56	20110401	003	60
22	20110201	002	71		57	20110401	004	63
23	20110201	003	89		58	20110402	001	79
24	20110201	004	90		59	20110402	002	70
25	20110202	001	62		60	20110402	003	82
26	20110202	003	84		61	20110402	004	86
27	20110202	004	91		62	20110403	001	89
28	20110203	001	60		63	20110403	002	74
29	20110203	002	56		64	20110403	003	63
30	20110203	003	58		65	20110403	004	59
31	20110203	004	68		66	20110404	001	90
32	20110205	001	64		67	20110404	002	88
33	20110205	002	62		68	20110404	003	79
34	20110205	003	83		69	20110404	004	82
35	20110205	004	71		70	20110405	002	93
36	20110301	001	72		71	20110405	003	80
					72	20110405	004	81

图 3.6.1 Excel 工作簿中的"学生成绩"工作表

第 2 步:打开"学生成绩管理系统"数据库,单击"外部数据"选项卡的"Excel"按钮,如图 3.6.2 所示,弹出"获取外部数据 - Excel 电子表格"对话框,单击"浏览"按钮,指定数据源文件的路径,如图 3.6.3 所示,然后单击"确定"按钮。

图 3.6.2 "Excel" 按钮

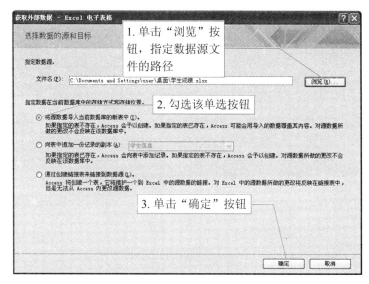

图 3.6.3 "获取外部数据 - Excel 电子表格" 对话框

第 3 步：弹出 "导入数据表向导" 对话框①，选择 "学生成绩" 工作表，单击 "下一步" 按钮，如图 3.6.4 所示。

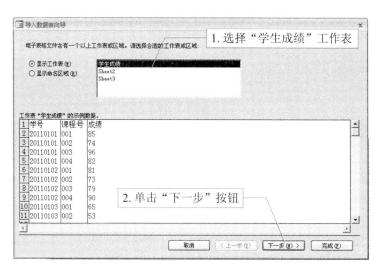

图 3.6.4 "导入数据表向导" 对话框①

　　第 4 步：弹出 "导入数据表向导" 对话框②，勾选 "第一行包含列标题" 复选框，单击 "下一步" 按钮，如图 3.6.5 所示。

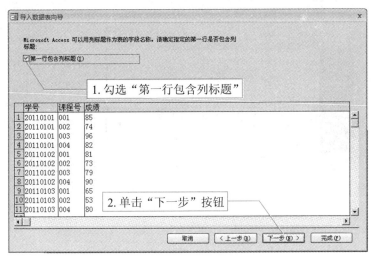

图 3.6.5　"导入数据表向导" 对话框②

　　第 5 步：弹出 "导入数据表向导" 对话框③，可设置 "字段名称" 及相应的 "数据类型"，单击 "下一步" 按钮，如图 3.6.6 所示。

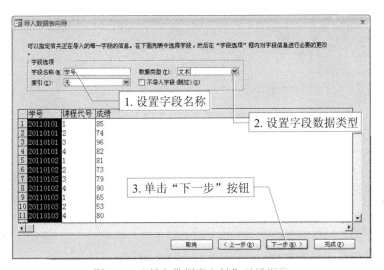

图 3.6.6　"导入数据表向导" 对话框③

　　第 6 步：弹出 "导入数据表向导" 对话框④，设置 "学号" 为主键，单击 "下一步" 按钮，如图 3.6.7 所示。

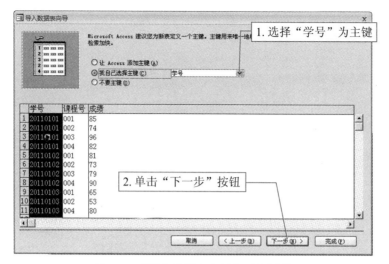

图 3.6.7 "导入数据表向导"对话框④

第 7 步：弹出"导入数据表向导"对话框⑤，输入数据表名"学生成绩"，单击"完成"按钮，如图 3.6.8 所示。

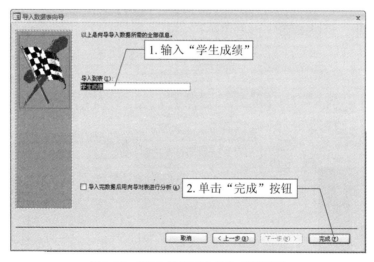

图 3.6.8 "导入数据表向导"对话框⑤

第 8 步：弹出"获取外部数据－Excel 电子表格"对话框，单击"关闭"按钮，如图 3.6.9 所示。

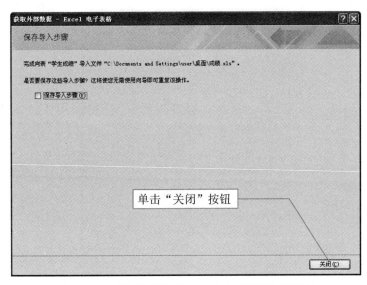

图 3.6.9 "获取外部数据－Excel 电子表格"对话框

第 9 步：在"学生成绩管理系统"数据库中新增一个"学生成绩"数据表，打开"学生成绩"表的设计视图，按表 3.6.1 所示设置"学生成绩"表结构，设置完成的设计视图如图 3.6.10 所示。

表 3.6.1 "学生成绩"表结构

字段名称	字段类型	字段大小	小数位数	是否主键
学号	文本	8		是
课程号	文本	3		是
成绩	数字	单精度型	1	

图 3.6.10 "学生成绩"表设计视图

第 10 步：保存对设计视图的修改，打开"学生成绩"表的数据表视图模式，如图 3.6.11 所示。至此，任务 3.6 已完成。

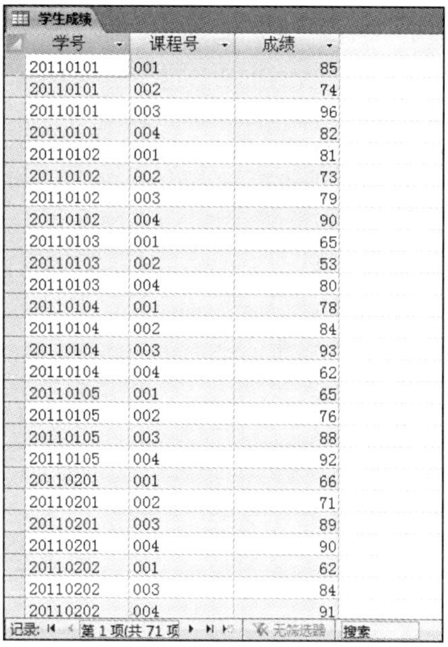

学生成绩

学号	课程号	成绩
20110101	001	85
20110101	002	74
20110101	003	96
20110101	004	82
20110102	001	81
20110102	002	73
20110102	003	79
20110102	004	90
20110103	001	65
20110103	002	53
20110103	004	80
20110104	001	78
20110104	002	84
20110104	003	93
20110104	004	62
20110105	001	65
20110105	002	76
20110105	003	88
20110105	004	92
20110201	001	66
20110201	002	71
20110201	003	89
20110201	004	90
20110202	001	62
20110202	003	84
20110202	004	91

记录: 第 1 项(共 71 项 无筛选器 搜索

图 3.6.11 “学生成绩”表数据表视图

【体验活动】

1. 创建一个名为“图书”的 Excel 工作簿，将 Sheet1 工作表重命名为“借还信息”，并输入数据，如表 3.6.2 所示。

表 3.6.2 Sheet1 工作表数据

借书证号	书号	借书日期	应还日期	是否已还
J005	7-5053-3009-8	2008-11-4	2008-12-4	☑
J002	7-302-07546-8	2009-6-1	2009-7-1	☑
J008	978-7-04-024799-2	2010-3-20	2010-4-20	☑
J006	7-5617-2158-7	2010-4-2	2010-5-2	☑
J001	978-7-04-024799-2	2010-4-6	2010-5-6	☑
J009	7-5617-2158-7	2010-5-25	2010-6-25	☑
J008	978-7-302-12298-2	2010-6-1	2010-7-1	☐
J008	978-7-302-19638-9	2010-6-1	2010-7-1	☑
J005	978-7-302-12298-2	2010-9-22	2010-10-22	☑
J001	978-7-121-05046-6	2010-9-25	2010-10-25	☑
J001	978-7-302-19638-9	2010-9-25	2010-10-25	☐
J006	978-7-04-026810-2	2010-11-3	2010-12-3	☐
J010	7-5617-2158-7	2011-1-6	2011-2-6	☐
J010	978-7-5617-5704-8	2011-1-6	2011-2-6	☑
J008	978-7-5617-5704-8	2010-1-10	2010-2-10	☐
J004	978-7-5617-5704-8	2011-3-26	2011-4-26	☐
J006	978-7-5617-7639-1	2011-3-28	2011-4-28	☐
J008	978-7-5617-7639-1	2011-4-10	2011-5-10	☑

续表

借书证号	书号	借书日期	应还日期	是否已还
J004	978-7-04-027503-2	2011-4-18	2011-5-18	☑
J005	978-7-5617-7639-1	2011-4-26	2011-5-26	☐
J002	978-7-5617-7639-1	2011-6-1	2011-7-1	☐
J001	978-7-04-027503-2	2011-6-10	2011-7-10	☐
J004	978-7-04-023417-6	2011-7-7	2011-8-7	☑
J005	978-7-04-028010-4	2011-9-1	2011-10-1	☐
J008	978-7-5617-7769-5	2011-9-1	2011-10-1	☐

2. 将"图书"工作簿中的"借还信息"工作表导入"图书管理系统"数据库，生成"借还信息"表。

3. 设计"借还信息"表的结构，如表 3.6.3 所示。

表 3.6.3 "借还信息"表结构

字段名称	数据类型	字段大小	格式	是否主键
借书证号	文本	10		是
书号	文本	20		是
借书日期	日期/时间		短日期	
应还日期	日期/时间		短日期	
是否已还	是/否			

任务 3.7　创建"课程信息"表

【任务说明】

在前面我们已经介绍了通过输入数据、使用表模板、使用设计器、导入 Excel 工作表数据创建数据表，在本任务中用户可以使用任意一种方式完成"课程信息"表。

【任务目标】

按表 3.7.1 所示的表结构创建"课程信息"表，按表 3.7.2 所示输入"课程信息"表的数据。

表 3.7.1 "课程信息"表结构

字段名称	字段类型	字段大小	是否主键
课程号	文本	3	是
课程名称	文本	20	
授课教师	文本	4	

表 3.7.2 "课程信息"表数据

课程号	课程名称	授课教师
001	计算机应用基础	苏拉
002	程序设计语言	张涵

续表

课程号	课程名称	授课教师
003	数据库应用	李勤
004	网页制作	陈嘉

【实现步骤】

实现步骤请参考任务 3.1、任务 3.2、任务 3.3、任务 3.6，在此不再详述，完成的"课程信息"表如图 3.7.1 所示。

课程信息			
课程号	课程名称	授课教师	添加新字段
001	计算机应用基础	苏拉	
002	程序设计语言	张涵	
003	数据库应用	李勤	
004	网页制作	陈嘉	

图 3.7.1 "课程信息"表

任务 3.8 建立"学生信息"、"学生成绩"和"课程信息"表间关系

【任务说明】

前面 7 个任务已经完成了"学生成绩管理系统"数据库中的所有数据表："学生信息"表、"学生成绩"表和"课程信息"表。在本任务中，将建立这几个数据表间的关系。

【任务目标】

（1）熟练掌握数据表关系类型。

（2）建立数据表间关系的方法。

（3）删除数据表间关系的方法。

【实现步骤】

第 1 步：在所有数据表都关闭的状态下，如图 3.8.1 所示，单击"数据库工具"选项卡的"关系"按钮，如图 3.8.2 所示。

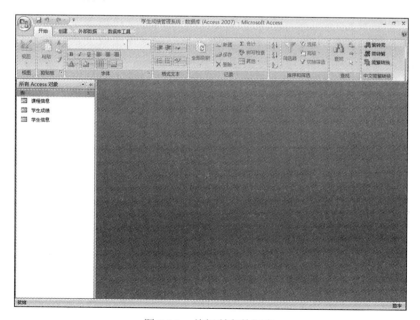

图 3.8.1 关闭所有数据表

图 3.8.2 "关系"按钮

第 2 步：打开关系编辑界面，如图 3.8.3 所示。在编辑界面单击鼠标右键，在弹出的快捷菜单中选择"显示表"命令，如图 3.8.4 所示；或单击"设计"选项卡的"显示表"按钮，如图 3.8.5 所示。

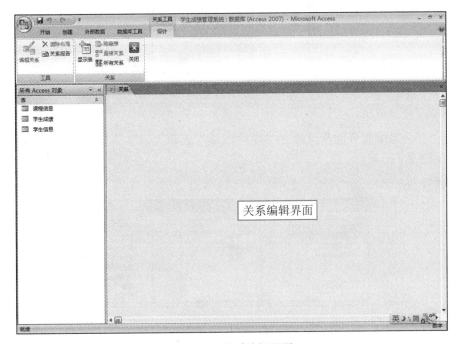

图 3.8.3 关系编辑界面

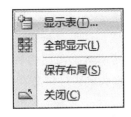

图 3.8.4 "显示表"命令

图 3.8.5 "显示表"按钮

第 3 步：弹出"显示表"对话框，如图 3.8.6 所示，选择"课程信息"表，单击"添加"按钮，将"课程信息"表添加到关系编辑界面，如图 3.8.7 所示。

图 3.8.6 "显示表"对话框

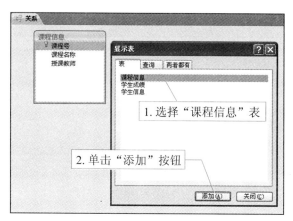

图 3.8.7 添加"课程信息"表到关系编辑界面

第 4 步：在关系编辑界面继续添加"学生成绩"表和"学生信息"表，并关闭"显示表"对话框，如图 3.8.8 所示。

图 3.8.8 三个表全部添加到关系编辑界面

小贴士

Access 数据库是一个关系型数据库。这种数据库中的数据被保存在多个数据表中，再由这些数据表中相同的字段联系起来，建立数据之间的联系。建立表间关系之后，用户可在创建查询、窗体和报表时从多个相关联的表中获得信息。

表间的关系可以分为"一对一"、"一对多"、"多对多"3 种类型。

（1）一对一关系：在一对一关系中，A 表中的每一条记录仅能在 B 表中有一条匹配的记录，并且在 B 表中的每一条记录也仅能在 A 表中有一条匹配记录。一对一关系类型并不常用。

（2）一对多关系：一对多的关系是关系中最常用的类型。在一对多关系中，A 表中的一条记录能与 B 表中的多条记录匹配，但是在 B 表中的一条记录仅能与 A 表中的一条记录匹配。

（3）多对多关系：在多对多关系中，A 表中的记录能与 B 表中的多条记录匹配，并且在 B 表中的记录也能与 A 表中的多条记录匹配。此关系的类型只能通过"联结表"的第三个表来达成，它的主键包含两个字段，即来源于 A 和 B 两个表的外部键。多对多的关系实际上是使用第三个表的两个一对多关系。

第 5 步：单击"课程信息"表中的"课程号"字段，并按住鼠标不放，将其拖动到"学生成绩"表的"课程号"字段上，释放鼠标后弹出"编辑关系"对话框，勾选"实施参照完整性"复选框，如图 3.8.9 所示。

第 6 步：单击"创建"按钮，则创建了"课程信息"表的"课程号"字段与"学生成绩"表的"课程号"字段的一对多关系，如图 3.8.10 所示。

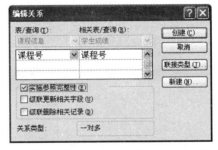

图 3.8.9 "编辑关系"对话框——"课程名"

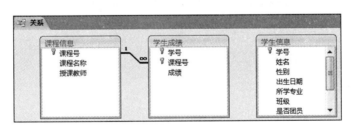

图 3.8.10 "课程号"与"课程号"字段之间一对多关系

第 7 步：单击"学生信息"表中的"学号"字段，并按住鼠标不放，将其拖动到"学生成绩"表的"学号"字段上，释放鼠标后弹出"编辑关系"对话框，勾选"实施参照完整性"、"级联更新相关字段"、"级联删除相关记录"复选框，如图 3.8.11 所示。

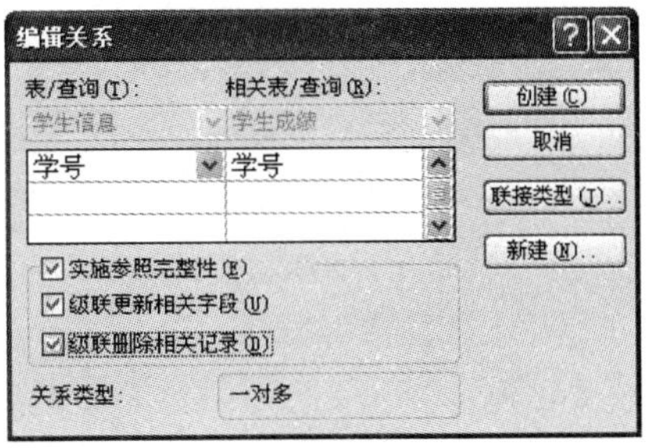

图 3.8.11 "编辑关系"对话框——"字号"

第8步：单击"创建"按钮，则创建了"学生信息"表的"学号"字段与"学生成绩"表的"学号"字段的一对多关系，如图3.8.12所示。

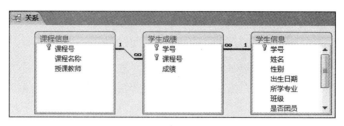

图3.8.12 "学号"与"学号"字段之间一对多关系

第9步：如需编辑已建立的关系，可以右击表示关系的折线，在弹出的快捷菜单中选择"编辑关系"命令，如图3.8.13所示；或者单击"设计"选项卡的"编辑关系"按钮，如图3.8.14所示，在弹出"编辑关系"对话框后进行编辑操作。

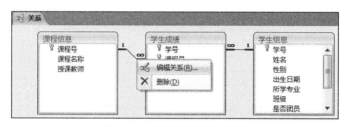

图3.8.13 "编辑关系"命令

图3.8.14 "编辑关系"按钮

第10步：如果要删除表与表间的关系，可以右击表示关系的折线，在弹出的快捷菜单中选择"删除"命令，如图3.8.15所示，然后弹出"Microsoft Office Access"对话框，单击"确定"按钮，如图3.8.16所示。

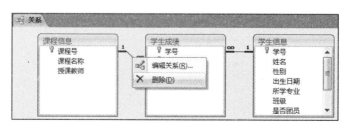

图3.8.15 "删除"命令

图 3.8.16 "Microsoft Office Access"对话框

第 11 步：单击"设计"选项卡的"关闭"按钮，如图 3.8.17 所示，关闭关系编辑界面。

图 3.8.17 "关闭"按钮

小贴士

通常在建立表之间的关系后，Access 会自动在主表中插入子表。单击主表第一个字段前面的"+"，即可展开对应记录的子记录。如果再单击一次，就可以将子记录"折叠"起来，前面的"–"也将变回"+"。

展开的"课程信息"表子记录和"学生信息"表子记录分别如图 3.8.18、图 3.8.19 所示。

课程信息			
课程号	课程名称	授课教师	添加新字段
001	计算机应用基础	苏拉	

学号	成绩	添加新字段
20110101	85	
20110102	81	
20110103	65	
20110104	78	
20110105	65	
20110201	66	
20110202	62	
20110203	60	
20110205	64	
20110301	72	
20110302	78	
20110303	70	
20110305	87	
20110401	84	
20110402	79	
20110403	89	
20110404	90	

002	程序设计语言	张涵	
003	数据库应用	李勤	
004	网页制作	陈嘉	

图 3.8.18 "课程信息"表子记录

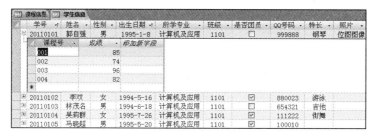

图 3.8.19 "学生信息" 表子记录

【体验活动】

1. 建立 "读者信息" 表 "借书证号" 字段和 "借还信息" 表 "借书证号" 字段之间的关系，并实施参照完整性。

2. 建立 "借还信息" 表 "书号" 字段和 "图书信息" 表 "书号" 字段之间的关系，并实施参照完整性。

习 题

一、选择题

1. 在 Access 中，用来表示实体的是_____。

　　A. 表　　　　　　　B. 域　　　　　　　C. 字段　　　　　　D. 记录

2. 在数据库中，能够唯一地标识一个元组的属性的组合称为_____。

　　A. 记录　　　　　　B. 字段　　　　　　C. 域　　　　　　　D. 关键字

3. Access 字段名的最大长度为_____。

　　A. 32 个字符　　　 B. 64 个字符　　　 C. 128 个字符　　　D. 256 个字符

4. Access 表中字段的数据类型不包括_____。

　　A. 是 / 否型　　　　B. 文本型　　　　　C. 通用型　　　　　D. 货币型

5. 如果要在数据表的某个字段中存放图像数据，该字段应设置为_____数据类型。

　　A. OLE 对象　　　　B. 数字型　　　　　C. 文本型　　　　　D. 区域型

6. 当文本型字段取值超过 255 个字符时，应改用的数据类型是_____。

　　A. 文本　　　　　　B. 备注　　　　　　C. OLE 对象　　　　D. 超链接

7. 下列对主关键字段的叙述，错误的是_____。

　　A. 数据库中的每个表都必须有一个主关键字段

　　B. 主关键字段值是唯一的

　　C. 主关键字可以是一个字段，也可以是一组字段

　　D. 主关键字段中不许有重复值和空值

8. 在 Access 中，筛选的结果是_____。

　　A. 不满足条件的字段　　　　　　　　　　B. 满足条件的字段

　　C. 不满足条件的记录　　　　　　　　　　D. 满足条件的记录

9. 设有 "班级" 和 "学生" 两个实体，每个学生只能属于一个班级，一个班级可以有多个

学生，"学生"和"班级"实体间的关系是_____。

    A. 多对多   B. 一对多   C. 多对一   D. 一对一

10. Access 表之间的联系中不包括_____联系。

    A. 一对一   B. 一对多   C. 多对多   D. 多对一

二、填空题

1. 在一个二维表中，水平方向的行称为_____，垂直方向的列称为_____。

2. 在 Access 中数据类型主要包括：文本、备注、数字、日期 / 时间、货币、是 / 否、OLE 对象、自动编号、_____、附件和查阅向导等。

3. 数据库中的主键的作用是_____。

4. 替换表中的数据项，是要先完成表中的_____，再进行替换的操作过程。

5. 在表中能够唯一地标识每一条记录的字段被称为_____。

6. 在关系数据库中，各表之间可以相互关联，表间的这种联系是依靠每一个独立表内部的_____建立的。

7. 关系是通过两个表之间的_____建立起来的。

8. 设置参照完整性可以和_____同时进行。

单元 4

创建"学生成绩管理系统"查询

【情景故事】

　　小峰已经学会了在表中添加数据、编辑数据、筛选和排序数据，以及对数据的简单查找方法。但在实际工作中，小峰还需要经常查询各学生的学籍信息，如学号、姓名、性别、所学专业等，还要根据多张表查询每位学生所学课程的成绩以及不及格科目的情况，并实现成绩总分的计算、各专业班级学生同门课程成绩汇总分析等。这些任务又该如何完成呢？带着这些问题小峰开始了学习查询操作之旅。

【单元说明】

　　建立数据库的目的之一就是快速检索所需要的数据。查询是 Access 数据库中一项重要的操作，也是 Access 数据库的一个重要对象。使用查询可以迅速从数据表中获得需要的数据，还可以通过查询来操作数据，即对数据表中数据进行更改、添加和删除等操作。查询结果还可以作为窗体、报表、查询和页的数据来源，从而增加数据库设计的灵活性。

　　在 Access 数据库中，查询主要包括选择查询、参数查询、交叉表查询、操作查询和 SQL 查询这 5 种类型。

　　本单元主要学习对以上 5 种查询类型的创建与使用。

【技能目标】

- 掌握选择查询的创建与使用。
- 熟练掌握使用设计视图创建、修改和设计查询。
- 掌握查询条件的设置方法。
- 掌握交叉表查询的创建与使用。
- 掌握参数查询的创建与使用。
- 掌握操作查询的创建与使用。
- 掌握 SQL 语句的功能和基本用法。

【知识目标】

- 理解查询的概念及作用。
- 了解 5 种查询类型及用途。
- 理解在汇总查询中常用的函数。
- 了解 SQL 语句。

任务 4.1   创建选择查询

【任务说明】

选择查询是最基本、最常用的查询类型。它可以从一个或多个相互关联的表中检索数据，并按照所需的次序进行排列显示。使用选择查询可以对记录进行分组、总计、计数、平均值以及其他计算。在 Access 中创建选择查询有两种方法：使用向导创建选择查询和使用设计视图创建选择查询。

【任务目标】

让学生学会使用向导和使用设计视图来创建选择查询。同时学会用向导创建查找重复项查询和查找不匹配项查询。

一、使用向导创建选择查询

【任务说明】

使用简单查询向导不仅可以对一个表创建查询，也可以对多个表创建查询。以下用两个案例分别介绍。

【任务目标】

让学生学会用单表或多表创建选择查询。并理解用多表创建与用单表创建选择查询时的区别。特别对含有数字型字段时的明细（汇总）对话框这一知识点的掌握。

案例 1：使用查询向导创建一个基于单表的选择查询，从"学生信息"表中查询学生的"学号"、"姓名"、"性别"和"所学专业"等信息。

【实现步骤】

第 1 步：单击"创建"选项卡的"其他"组的"查询向导"按钮，打开"新建查询"对话框，选择"简单查询向导"选项，单击"确定"按钮，如图 4.1.1 所示。

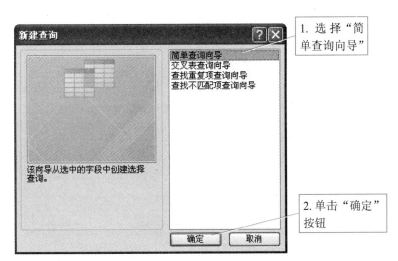

图 4.1.1   "新建查询"对话框

第 2 步：在"简单查询向导"第一个对话框中，在"表 / 查询"栏中选择"学生信息"

表，然后在 "可用字段" 列表框中双击 "学号"、"姓名"、"性别" 和 "所学专业"，使这 4 个字段移至右方 "选定字段" 列表框中，然后单击 "下一步" 按钮，至此就完成了表和输出字段的选择，如图 4.1.2 所示。

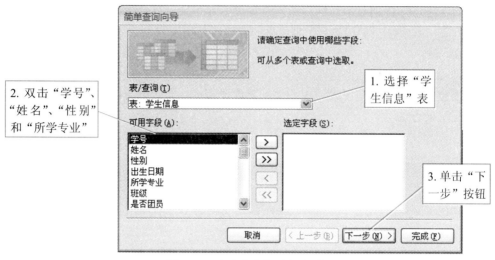

图 4.1.2　表和字段的选择对话框

第 3 步：在 "简单查询向导" 第二个对话框中，输入查询标题 "学生信息查询"，并选择输出方式为 "打开查询查看信息"，如图 4.1.3 所示。

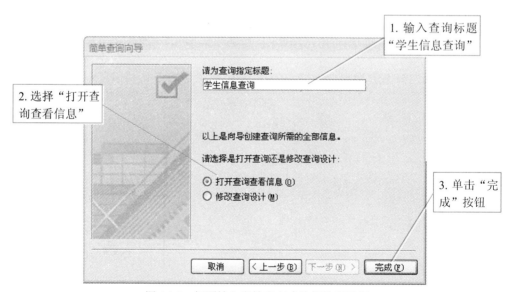

图 4.1.3　标题输入和输出方式选择的对话框

完成以上操作后，这时会以数据表的形式显示查询结果，同时在导航窗格的 "查询" 对象组里显示创建的 "学生信息查询"，如图 4.1.4 所示。

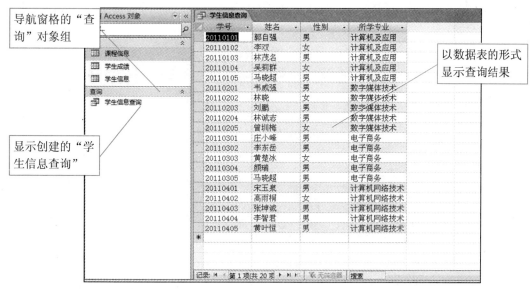

图 4.1.4 在导航窗格显示所创建的查询

案例 2：使用查询向导创建一个基于多表的选择查询，利用"学生信息"表和"学生成绩"表查询学生的"学号"、"姓名"、"课程号"和"成绩"字段。

【实现步骤】

第 1 步：单击"创建"选项卡上"其他"组的"查询向导"按钮，打开"新建查询"对话框，选择"简单查询向导"选项，单击"确定"按钮，如图 4.1.1 所示。

第 2 步：在"简单查询向导"第 1 个对话框中，在"表 / 查询"栏中首先选择"学生信息"表，在"可用字段"列表框中双击"学号"、"姓名"，接着再在"表 / 查询"栏中选择"学生成绩"表，在"可用字段"列表框中双击"课程号"和"成绩"，这样在"选定字段"列表框中就显示了"学号"、"姓名"、"课程号"和"成绩"4 个字段，最后单击"下一步"按钮，至此就完成两个表和输出字段的选择，如图 4.1.5 所示。

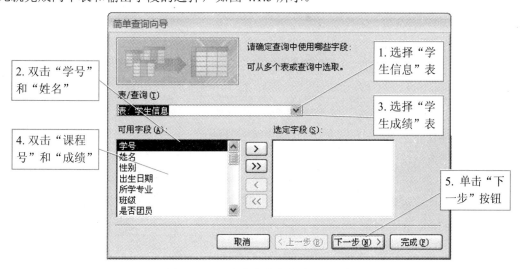

图 4.1.5 两个表和字段的选择对话框

小贴士

　　创建基于多个表的简单查询时，要选择不同表中的字段，方法是只需在查询向导对话框中分别选择不同表，并将所需要的字段添加到右边的 "选定的字段" 列表框中即可，如图 4.1.5 所示。

　　第 3 步：在 "简单查询向导" 的第 2 个对话框中，选择明细方式查询，如图 4.1.6 所示。

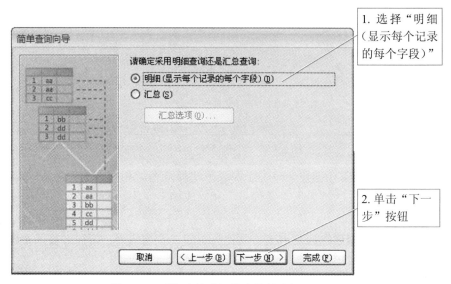

图 4.1.6　明细查询或汇总查询的选择

　　第 4 步：在 "简单查询向导" 第 3 个对话框中，输入查询标题，并选择输出方式，如图 4.1.7 所示。

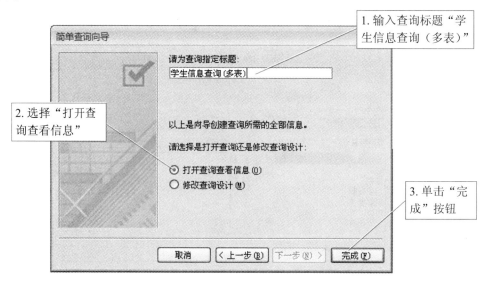

图 4.1.7　标题输入和输出方式选择的对话框

　　完成以上操作后，这时会以数据表的形式显示查询结果，同时在导航窗格的"查询"对象组里显示创建的"学生信息查询（多表）"，如图 4.1.8 所示。

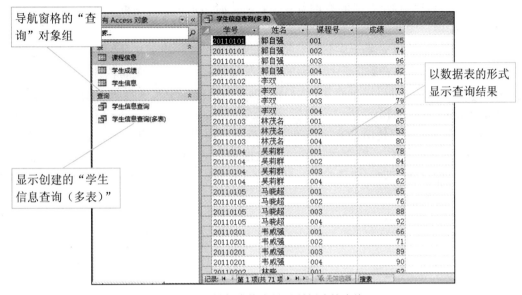

图 4.1.8　导航窗格中显示所创建的查询。

【技能拓展】

若要查询学生的"学号"、"姓名"、"课程名称"及"成绩"，又该如何实现呢？

【知识宝库】

1. 查询的理解

查询就是以数据库中的数据作为数据源，根据给定的条件，从指定数据库的表或查询中检索出用户要求的记录数据，并形成一个新的数据集合。当改变数据源中的数据时，查询中的数据也会相应地发生改变，因此通常称查询结果为"动态记录集"。使用查询不仅可以以多种方式对表中数据进行查看，还可以使用查询对数据进行计算、排序和筛选等操作。

2. 查询的类型

根据对数据源操作方式和操作结果的不同，Access 2007 中的查询可以分为 5 种类型：选择查询、参数查询、交叉表查询、操作查询和 SQL 查询。

（1）选择查询是最基本、最常用的查询方式。它是根据指定的查询条件，从一个或多个表中获取满足条件的数据，并且按指定顺序显示数据。选择查询还可以将记录进行分组，并计算总和、计数、平均值及其他类型的总计。

（2）参数查询是一种交互式的查询方式，它执行时显示一个对话框，以提示用户输入查询信息，然后根据用户输入的查询条件来检索记录。

（3）交叉表查询是将来源于某个表中的字段进行分组，一组列在数据表的左侧，一组列在数据表的上部，然后可以在数据表行与列的交叉处显示表中某个字段的各种计算值。

（4）操作查询不仅可以进行查询，而且可以在一次操作中实现对表中的多条记录进行添加、编辑和删除等修改操作。

（5）SQL 查询是用户使用 SQL 语句创建的查询。前面介绍的几种查询，系统在执行时会自动将其转换为 SQL 语句。用户也可以使用 SQL 视图直接书写、查看和编辑 SQL 语句。有一些特定查询（如联合查询、传递查询、数据定义查询、子查询）则必须直接在"SQL 视图"中创建 SQL 语句。

3. 查询的视图

查询的视图有 3 种方式，分别是数据表视图、设计视图和 SQL 视图。

（1）数据表视图是以行和列的格式显示查询结果数据的窗口。

在导航窗格的"查询"对象组中选择查询对象，右键单击，在快捷菜单中选择"打开"命令，则以数据表视图的方式打开当前查询。

（2）设计视图是用来设计查询的窗口。使用查询设计视图不仅可以创建新的查询，还可以对已存在的查询进行修改和编辑。

在导航窗格的"查询"对象组中选择查询对象，右键单击，在快捷菜单中选择"设计视图"命令，则以设计视图的方式打开当前查询。图 4.1.9 所示的就是"学生信息查询（多表）"查询的设计视图。

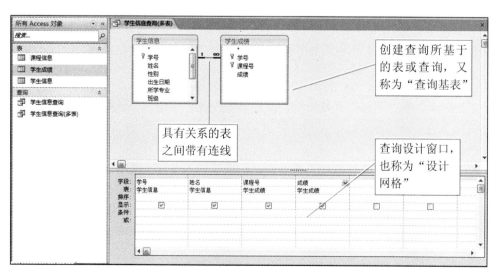

图 4.1.9 "学生信息查询（多表）"查询的设计视图

查询设计视图由上、下两部分构成。上半部分是创建的查询所基于的全部表和查询，称为"查询基表"，用户可以向其中添加或删除表和查询。具有关系的表之间带有连线，连线上的标记是两表之间的关系，用户可添加、删除和编辑关系。下半部分为查询设计窗口，称为"设计网格"。利用设计网格可以设置查询字段、来源表、排序顺序和条件等。

（3）SQL 视图是个用于显示当前查询的 SQL 语句窗口，用户也可以使用 SQL 视图建立一个 SQL 特定查询，如联合查询、传递查询或数据定义查询，也可对当前的查询进行修改。当查询以数据表视图或设计视图的方式打开后，选择"结果"组中的"SQL 视图"项，则打开当前查询的 SQL 视图，视图中显示着当前查询的 SQL 语句。

二、使用设计视图创建选择查询

【任务说明】

使用查询向导可以快速创建一个查询，但是能实现的功能比较单一，不能完全满足我们的要求。对于复杂的查询只有在"设计视图"中才能实现。

【任务目标】

让学生学会用查询设计视图建立查询的方法，理解在字段栏中字段的排列顺序对输出的影响。

案例 3：使用设计视图创建一个名为"成绩查询（设计视图）"的查询，利用"学生信息"表、"课程信息"表和"学生成绩"表查询学生的"学号"、"姓名"、"课程名称"及"成绩"等信息。

【实现步骤】

第 1 步：单击"创建"选项卡上"其他"组的"查询设计"按钮，打开查询设计视图和"显示表"对话框，添加"课程信息"、"学生成绩"和"学生信息"表，如图 4.1.10 所示。

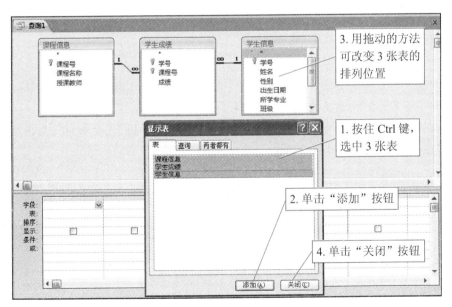

图 4.1.10　查询设计视图和"显示表"对话框

　　第 2 步:将需要的字段按显示的顺序添加到"设计网格"的字段行中,如图 4.1.11 所示。

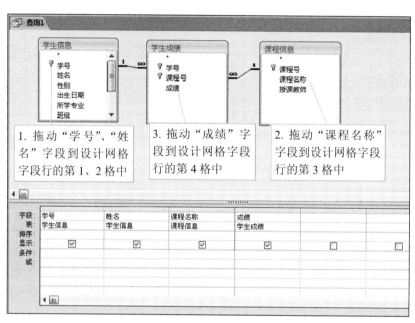

图 4.1.11　选择显示所需的 4 个字段

　　第 3 步:单击快速访问工具栏上的 🔲 按钮,打开"另存为"对话框,输入所需的查询名称,如图 4.1.12 所示。

　　第 4 步:查看查询结果。在查询设计视图中单击"设计"选项卡上"结果"组的 ▦(视图)或 ❗(运行)按钮,运行结果如图 4.1.13 所示。

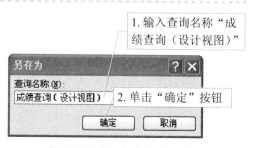

图 4.1.12　"另存为"对话框

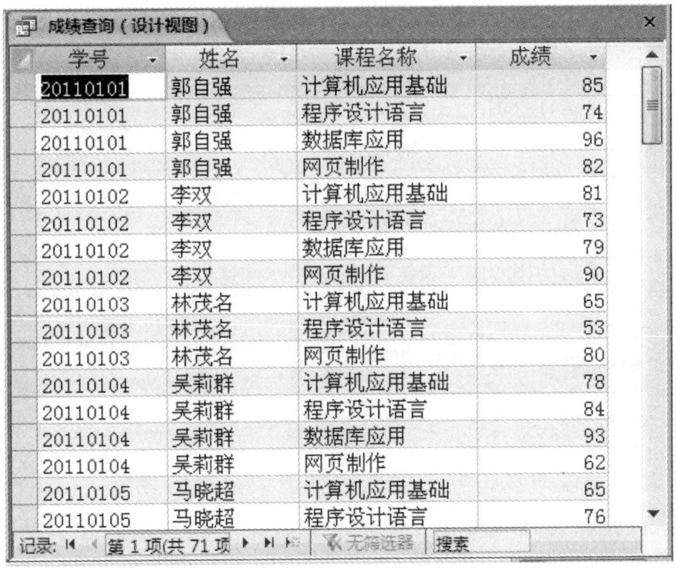

学号	姓名	课程名称	成绩
20110101	郭自强	计算机应用基础	85
20110101	郭自强	程序设计语言	74
20110101	郭自强	数据库应用	96
20110101	郭自强	网页制作	82
20110102	李双	计算机应用基础	81
20110102	李双	程序设计语言	73
20110102	李双	数据库应用	79
20110102	李双	网页制作	90
20110103	林茂名	计算机应用基础	65
20110103	林茂名	程序设计语言	53
20110103	林茂名	网页制作	80
20110104	吴莉群	计算机应用基础	78
20110104	吴莉群	程序设计语言	84
20110104	吴莉群	数据库应用	93
20110104	吴莉群	网页制作	62
20110105	马晓超	计算机应用基础	65
20110105	马晓超	程序设计语言	76

图 4.1.13　运行查询结果

提示

在设计网格“字段”行中字段的排列顺序就是查询结果的输出顺序。

【知识宝库】

（1）查询设计网格中各选项及其含义，如表 4.1.1 所示。

表 4.1.1　查询设计网格中各选项及其含义

选项名称	含义
字段	设置要查询的字段
表	查询字段所在的表名，由系统指定
总计	设置字段的汇总方式
排序	设置字段的排序方式，有升序、降序和不排序 3 种
显示	设置该字段是否在查询中显示
条件	设置该字段的筛选条件
或	设置“或”条件

（2）查询设计视图窗口的部分工具按钮及其含义，如表 4.1.2 所示。

表 4.1.2　查询设计视图窗口的部分工具按钮及其含义

工具按钮名称	含义
视图	切换不同的视图模式，有设计视图、数据表视图、SQL 视图、数据透视表视图和数据透视图视图
查询类型	选择不同的查询类型，有选择查询、交叉表查询、生成表查询、更新查询、追加查询、删除查询

续表

工具按钮名称	含义
运行	运行查询
显示表	打开"显示表"对话框
汇总	在查询设计网格中对数字型或货币型字段求和、计算均值等
属性表	打开"查询属性"对话框
生成器	启动相应的"表达式生成器"对话框

三、使用向导查找重复项查询

【任务说明】

虽然在 Access 表中可以通过设置主键来避免表中记录的重复，但一个表中只能有一个主键，不能保证其他字段是否出现重复值。利用"查找重复项查询向导"可以查询某字段是否出现重复值，还可以查找某字段或字段组取值相同的记录。

【任务目标】

让学生学会通过创建"查找重复项查询向导"来实现判断某个字段是否出现重复值。

案例 4：创建一个名为"查找姓名重复项"的查询，在"学生信息"表中查找有重名的学生记录。

【实现步骤】

第 1 步：单击"创建"选项卡中"其他"组的"查询向导"按钮，打开"新建查询"对话框，选择"查找重复项查询向导"选项，单击"确定"按钮。

第 2 步：在"查找重复项查询向导"（选择表或查询）对话框中，选择要查找重复值字段的表，如图 4.1.14 所示。

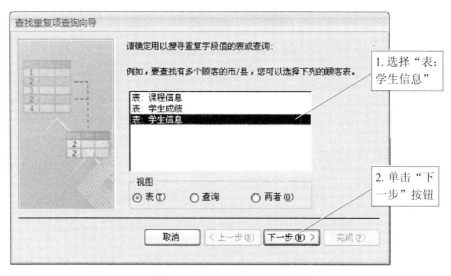

图 4.1.14　选择表或查询对话框

第 3 步：在"查找重复项查询向导"（选择重复值字段）对话框中，选择重复值字段，如图 4.1.15 所示。

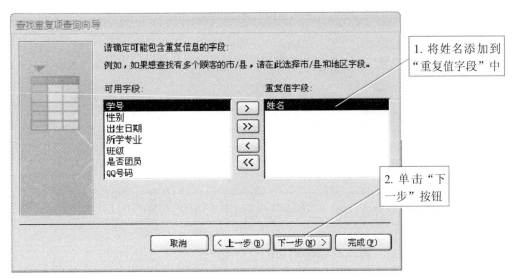

图 4.1.15 选择重复值字段对话框

第 4 步：在"查找重复项查询向导"（选择其他查询字段）对话框中，选择"学号"和"出生日期"后，单击"下一步"按钮，如图 4.1.16 所示。

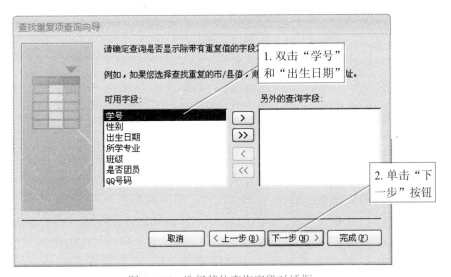

图 4.1.16 选择其他查询字段对话框

第 5 步：在"查找重复项查询向导"（指定查询名称）对话框中，输入查询标题，并选择输出方式，如图 4.1.17 所示。

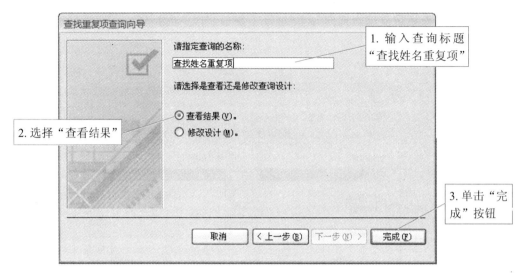

图 4.1.17 指定查询名称对话框

完成以上操作后，查询结果如图 4.1.18 所示。

图 4.1.18 查询结果

四、使用向导查找不匹配项查询

【任务说明】

利用 "查找不匹配项查询向导" 可以在一个表中查找另一个表中所没有的相关记录。执行查找不匹配项查询至少需要两个表，并且这两个表必须在同一个数据库中。

【任务目标】

让学生学会通过创建 "查找不匹配项查询向导" 来实现在两个相关联的表中查找出具有某个不相同内容的记录。

案例 5：创建一个名为 "没有参加考试的学生" 的查询，利用 "学生信息" 表和 "学生成绩" 表查找没有参加考试的学生名单。

【实现步骤】

第 1 步：单击 "创建" 选项卡上 "其他" 组的 "查询向导" 按钮，打开 "新建查询" 对话框，选择 "查找不匹配项查询向导" 选项，单击 "确定" 按钮。

第 2 步：在 "查找不匹配项查询向导"（选择表或查询）对话框中，选择 "表：学生信息"

表，如图 4.1.19 所示。

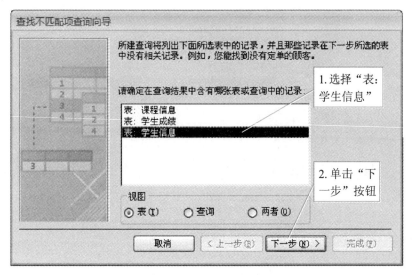

图 4.1.19 "查找不匹配项查询向导"（选择表或查询）对话框

第 3 步：在"查找不匹配项查询向导"（选择相关表或查询）对话框中，选择"表：学生成绩"表，如图 4.1.20 所示。

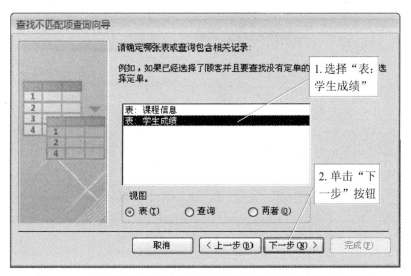

图 4.1.20 "查找不匹配项查询向导"（选择相关表或查询）对话框

第 4 步：在"查找不匹配项查询向导"（确定关联字段）对话框中，匹配字段为"学号"，如图 4.1.21 所示。

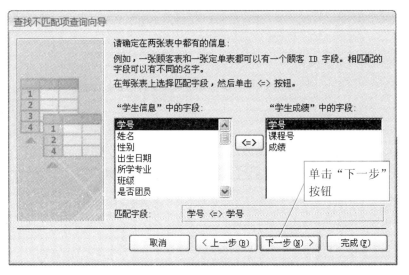

图 4.1.21 "查找不匹配项查询向导"（确定关联字段）对话框

第 5 步：在"查找不匹配项查询向导"（确定显示的字段）对话框中，选择查询结果所需的字段，如图 4.1.22 所示。

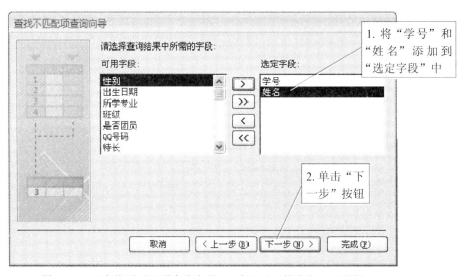

图 4.1.22 "查找不匹配项查询向导"（确定显示的字段）对话框

第 6 步：在"查找不匹配项查询向导"（指定查询名称）对话框，输入查询名称，并选择输出方式，如图 4.1.23 所示。

完成以上操作后，查询结果如图 4.1.24 所示。

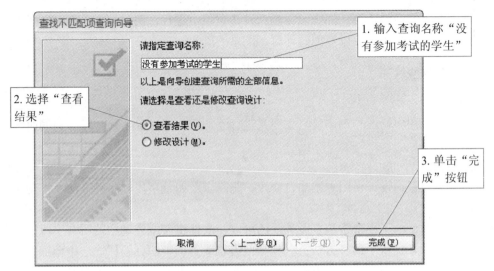

图 4.1.23 "查找不匹配项查询向导"（指定查询名称）对话框

图 4.1.24 查询结果

【体验活动】

打开"图书管理系统"数据库，完成下列查询操作：

1. 使用查询向导创建一个基于单表的选择查询，从"图书信息"表中查询图书的"书号"、"书名"、"编者"、"出版社"和"单价"等信息。

2. 使用查询向导创建一个基于多表的选择查询，利用"读者信息"和"借还信息"表查询读者的"借书证号"、"姓名"、"书号"和"是否已还"字段。

3. 使用设计视图创建一个名为"借书查询（设计视图）"的查询，利用"读者信息"、"图书信息"、"借还信息"表查询读者的"借书证号"、"姓名"、"书号"、"书名"和"是否已还"字段，并按借书证号升序显示。

4. 创建一个名为"查找书名重复项"的查询，在"图书信息"表中查找有重名的图书信息。

5. 创建一个名为"从没借过书的读者"的查询，利用"读者信息"表和"借还信息"表查找从来没有借过书的读者名单。

任务 4.2 设置查询条件

不论是使用查询向导创建的查询，还是使用查询设计视图创建的查询，如果需要对查询进行修改或者创建更灵活的查询，都必须在查询设计视图中进行，例如，修改查询字段、设置查询的排序输出、设置查询条件以及创建计算、汇总字段等。

一、查询字段的修改

【任务说明】

在查询设计视图中修改查询字段，主要是进行添加字段或删除字段的操作，同时还可以改变字段的输出顺序等。

【任务说明】

让学生学会在查询设计视图中添加、修改、删除以及调整字段顺序的方法及技巧。

【操作方法】

在添加字段时，除了逐个添加字段外，还可以一次性将表或查询中的所有字段添加到查询设计网格中。Access 提供了两种方法：一种是双击表或查询中的标题栏，选中全部字段，将这些字段一次性全部拖放到设计网格中；另一种方法是双击表或查询列表框中的第一项 "*"，在查询设计网格中显示 "表名.*"，表示将表或查询中的所有字段都添加到查询中。但要注意的是，若要设置排序字段或查询条件等字段操作时不能用第二种方法。

如果要删除某个字段，可在查询设计网格中选择要删除的字段，然后单击 Del 键或工具栏的 "查询设置" 组中的 "删除列" 即可。

在设计查询时，字段的排列顺序就是在查询结果中显示的顺序，它会影响数据记录的排序和分组。要改变字段之间的排列顺序，除了通过删除、添加字段的方法以外，还可以通过拖动字段的方法。在移动字段时，先选定要移动的字段列，然后按住鼠标左键拖动到新的位置上即可。

二、查询排序的设置

【任务说明】

在设计查询时，往往需要对查询结果按某些字段进行排序输出，这样可以更方便地查看数据。在设置排序字段时，可以按单字段排序，也可以按多字段排序输出。

【任务目标】

让学生学会设置排序字段，实现按某个数据的排序输出。

案例 6： 创建一个名为 "网页制作成绩排名" 的查询，将网页制作课的成绩从高到低排序。

【实现步骤】

第 1 步：单击 "创建" 选项卡上 "其他" 组的 "查询设计" 按钮，打开查询设计视图和 "显示表" 对话框，添加 "学生信息"、"课程信息" 和 "学生成绩" 表。

第 2 步：在 "查询设计" 窗口（选择字段）中，将 "学生信息" 表中的 "学号"、"姓名" 字段，"课程信息" 表中的 "课程名称" 字段和 "学生成绩" 表中的 "成绩" 字段添加到 "设计网格" 的字段行中。

第 3 步：在 "设计网格视图" 中，在 "课程名称" 字段下方的 "条件" 栏中输入 "网页制作"，在 "成绩" 字段下方的 "排序" 下拉列表框中选择 "降序"，如图 4.2.1 所示。

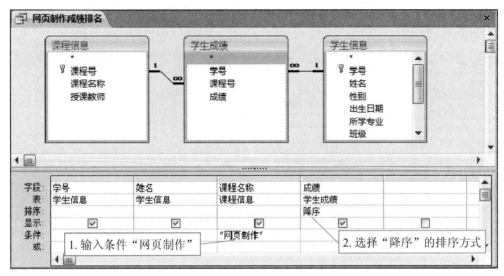

图 4.2.1 设计网格视图

第 4 步：单击快速访问工具栏上的 按钮，打开"另存为"对话框，输入查询名称"网页制作成绩排名"，单击"确定"按钮，如图 4.2.2 所示。

第 5 步：查看查询结果。在查询设计视图中单击"设计"选项卡上"结果"组的 （视图）按钮或 （运行）按钮，运行结果如图 4.2.3 所示。

图 4.2.2 "另存为"对话框

学号	姓名	课程名称	成绩
20110105	马晓超	网页制作	92
20110202	林晓	网页制作	91
20110102	李双	网页制作	90
20110201	韦威强	网页制作	90
20110303	黄楚冰	网页制作	89
20110301	庄小峰	网页制作	87
20110402	高雨桐	网页制作	86
20110305	马晓超	网页制作	86
20110404	李智君	网页制作	82
20110101	郭自强	网页制作	82
20110405	黄叶恒	网页制作	81
20110103	林茂名	网页制作	80

记录: 第 1 项(共 18 项) 无筛选器 搜索

图 4.2.3 查询结果

 提示

在"查询设计网格"中，排序的原则是默认排在前边的字段为主要关键字，排在后边的字段为次要关键字。

【技能拓展】

将案例 6 修改为按网页制作课的成绩从高到低排序，成绩相同时按姓名拼音升序排序。设计网格的界面如图 4.2.4 所示。特别注意最后一个 "姓名" 字段的作用以及设置的方法。

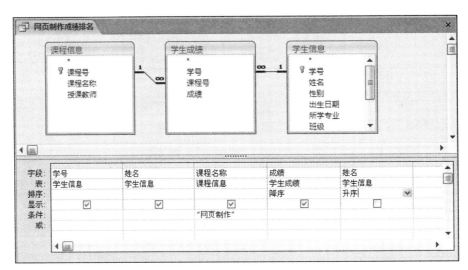

图 4.2.4 多字段排序设置界面

三、查询条件的设置

【任务说明】

设置查询条件就是从表或查询中筛选出满足条件的记录。有时为了检索到所需要的记录，查询条件往往可能需要设置多个，如果多个条件之间具有逻辑与（AND）关系，则在查询设计网格中这些条件处于同一行中；如果多个条件之间具有逻辑或（OR）关系，则这些条件处于不同行中。下面介绍几种常见的查询条件。

【任务目标】

让学生掌握对常见的查询条件的设置方法。

案例 7： 创建一个名为 "所有男同学的成绩" 的查询，查询所有男同学的成绩信息。

【实现步骤】

第 1 步：单击 "创建" 选项卡上 "其他" 组的 "查询设计" 按钮，打开查询设计视图和 "显示表" 对话框，添加 "学生信息"、"课程信息" 和 "学生成绩" 表。

第 2 步：在 "查询设计窗口（选择字段）" 中，将 "学生信息" 表中的 "学号"、"姓名"、"性别" 字段，"学生成绩" 表中的 "成绩" 字段和 "课程信息" 表中的 "课程名称" 字段添加到 "设计网格" 的字段行中。

第 3 步：在 "设计网格视图" 中，在 "性别" 字段下方的 "条件" 栏中输入 "男"，如图 4.2.5 所示。

第 4 步：保存查询。在 "另存为" 对话框中，输入查询名称 "所有男同学的成绩"，单击 "确定" 按钮。

第 5 步：查看查询结果，如图 4.2.6 所示。

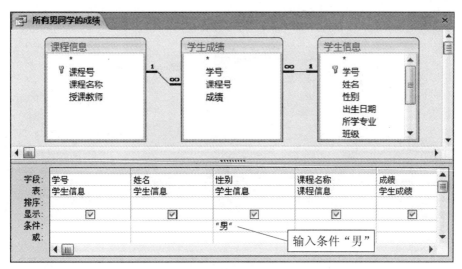

图 4.2.5 设计网格视图

学号	姓名	性别	课程名称	成绩
20110101	郭自强	男	计算机应用基础	85
20110101	郭自强	男	程序设计语言	74
20110101	郭自强	男	数据库应用	96
20110101	郭自强	男	网页制作	82
20110103	林茂名	男	计算机应用基础	65
20110103	林茂名	男	程序设计语言	53
20110103	林茂名	男	网页制作	80
20110105	马晓超	男	计算机应用基础	65

图 4.2.6 查询结果

案例 8：创建一个名为"专业及课程成绩 80 分以上"的查询，查询计算机及应用专业的学生网页制作课成绩 80 分以上的学生名单。

【实现步骤】

第 1 步：单击"创建"选项卡上"其他"组的"查询设计"按钮，打开查询设计视图和"显示表"对话框，添加"学生信息"、"课程信息"和"学生成绩"表。

第 2 步：在"查询设计窗口（选择字段）"中，将"学生信息"表中的"学号"、"姓名"、"所学专业"字段，"课程信息"表中的"课程名称"字段和"学生成绩"表中的"成绩"字段添加到"设计网格"的字段行中。

第 3 步：在"设计网格视图"中，在"所学专业"字段下方的"条件"栏中输入"计算机及应用"，在"课程名称"字段下方的"条件"栏中输入"网页制作"，"成绩"字段下方的"条件"栏中输入">80"，如图 4.2.7 所示。

第 4 步：保存查询，在"另存为"对话框中输入查询名称"专业及课程成绩 80 分以上"，单击"确定"按钮。

第 5 步：查看查询结果，如图 4.2.8 所示。

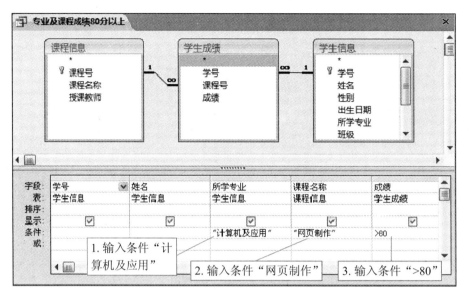

图 4.2.7 设计网格视图

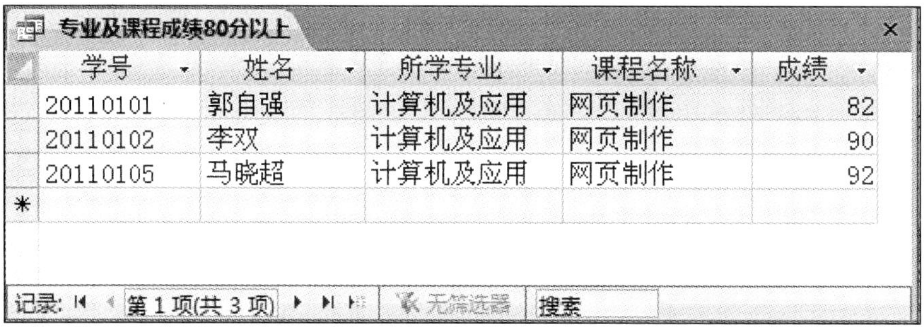

图 4.2.8 查询结果

> **小贴士**
>
> 数值和文本条件是在查询设置中经常用到的。对于数值查询,在设置查询条件中,可以包含比较运算符 <(小于)、>(大于)、<=(小于等于)、>=(大于等于)、<>(不等于)。
>
> 对于文本类型的条件,输入时可以加上双引号,也可以直接输入值,系统自动将输入的文本加上双引号。如果输入的文本中含有空格,则必须加上双引号。

案例 9:创建一个名为 "查询出生日期" 的查询,查询出生日期在 1994-6-1 至 1995-6-1 之间的学生信息。

【实现步骤】

第 1 步:单击 "创建" 选项卡上 "其他" 组的 "查询设计" 按钮,打开查询设计视图和 "显示表" 对话框,添加 "学生信息" 表。然后,将 "学生信息" 表中的 "学号"、"姓名"、"出生日期" 字段添加入 "设计网格" 的字段行中。

第 2 步:在 "设计网格视图" 中,在 "出生日期" 字段下方的 "条件" 栏中输入输入条件 "Between #1994-6-1# And #1995-6-1#",如图 4.2.9 所示。

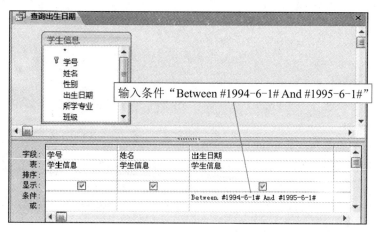

图 4.2.9 设计网格视图

第 3 步：保存查询，在"另存为"对话框中输入查询名称"查询出生日期"，单击"确定"按钮。

第 4 步：查看查询结果，如图 4.2.10 所示。

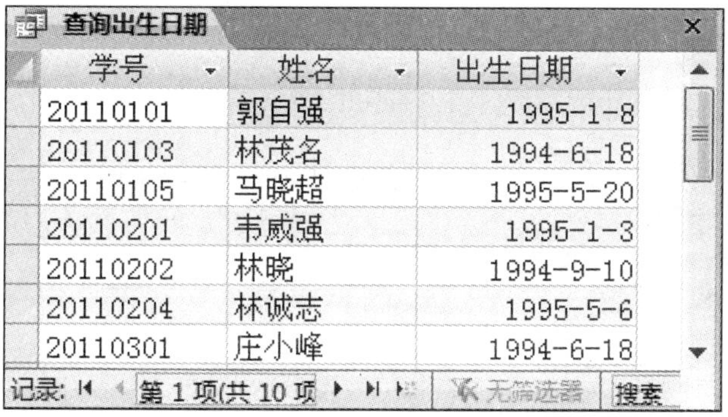

图 4.2.10 查询结果

小贴士

如果是日期类型的数据，需在日期两边加上"#"号，例如，#2011-03-20#表示日期 2011 年 3 月 20 日，如果输入时没有加上"#"号，系统会自动添加。

四、计算汇总字段的创建

【任务说明】

创建计算字段的方法是将表达式输入到查询设计窗口中的空字段单元格中，所创建的计算字段可以是数字、文本、日期等多种数据类型的表达式，表达式可以由多个字段组成，也可以对计算字段指定查询条件等。

Access 提供的计算字段功能是对同一记录中多个数值字段的计算，也就是水平计算。而汇总字段的查询功能则可以对全部或部分记录的字段值进行求和，计算平均值、最大值、最小值、方差或标准差等，是垂直方向的计算问题。

【任务目标】

让学生学会创建计算字段和汇总字段，以实现数据的计算或统计。

案例 10：创建一个名为"查询学生年龄"的查询，查询并计算每个学生的年龄。

【实现步骤】

第 1 步：单击"创建"选项卡上"其他"组的"查询设计"按钮，打开查询设计视图和"显示表"对话框，添加"学生信息"表。然后，将表中字段"学号"、"姓名"添加到"设计网格"的字段行中。

第 2 步：在"设计网格视图"第 3 列的字段中，输入"年龄：DateDiff（"yyyy"，[出生日期]，Date（））"，如图 4.2.11 所示。

第 3 步：保存查询，在"另存为"对话框中输入查询名称"查询学生年龄"，单击"确定"按钮，并运行查询，结果如图 4.2.12 所示。

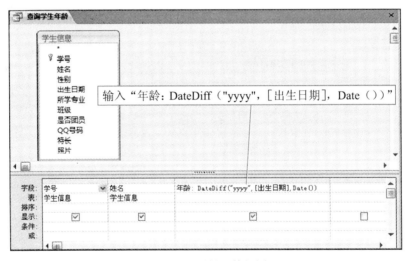

图 4.2.11 设计网格视图

学号	姓名	年龄
20110101	郭自强	16
20110102	李双	17
20110103	林茂名	17
20110104	吴莉群	16
20110105	马晓超	16
20110201	韦威强	16
20110202	林晓	17
20110203	刘鹏	17

图 4.2.12 查询结果

> 提示
>
> "年龄"是对计算字段所使用的字段名称。":"后面的字符串是为每条记录提供相应的表达式。DateDiff（ ）函数用于计算两个日期之间的间隔，按照指定的格式返回间隔。格式"yyyy"表示以年为单位返回间隔。

案例 11：创建一个名为"各班学生成绩统计"的查询，统计出各班学生每门课程的平均成绩。

【实现步骤】

第 1 步：单击"创建"选项卡上"其他"组的"查询设计"按钮，打开查询设计视图和"显示表"对话框，添加"学生信息"、"课程信息"和"学生成绩"表。

第 2 步：在"查询设计窗口（选择字段）"中，将"学生信息"表中的"班级"字段和"课程信息"表中的"课程名称"字段添加到"设计网格"的字段行中。

第 3 步：单击"设计"选项卡上"显示/隐藏"组的 Σ（汇总）按钮。

第 4 步：在"设计网格视图"第 3 列的字段中输入"平均分：成绩"，"总计"栏中选择"平均值"，如图 4.2.13 所示。

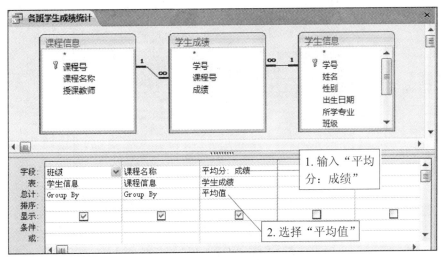

图 4.2.13 设计网格视图

第 5 步：保存查询，在"另存为"对话框中输入查询名称"各班学生成绩统计"，单击"确定"按钮，并运行查询，结果如图 4.2.14 所示。

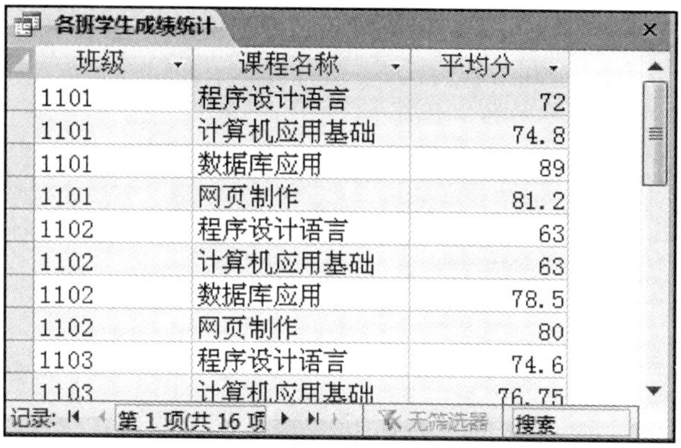

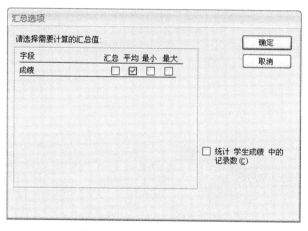

图 4.2.14 查询结果

【技能拓展】

请同学们尝试用简单查询向导之 "汇总" 选项完成案例 11 中查询的创建。

操作提示：首先是选择要显示的字段 "班级"、"课程名称"、"成绩"，在进入 "简单查询向导（选择明细查询还是汇总查询）" 中，单击 "汇总" 单选按钮，然后单击 [汇总选项 (0)...] 按钮，弹出如图 4.2.15 所示的 "汇总选项" 对话框，选择需要计算的汇总值，单击 "确定" 按钮，返回 "简单查询向导（选择明细查询或汇总查询）"。

图 4.2.15 "汇总选项" 对话框

【知识宝库】

查询条件是一种规则，用来标识要包含在查询结果中的记录。并非所有查询都必须包含条件，当需要显示的是数据源中的部分记录而非全部记录时，则必须在查询设计时设置查询条件。在输入条件时要用一些特定的运算符、数据、函数和字段名，将这些运算符、数据、函数和字段名组合在一起称为表达式。输入的条件称为条件表达式。

1. 算术运算符

算术运算符只能对数值型数据进行运算。表 4.2.1 列出了可以在 Access 表达式中使用的算术运算符。

表 4.2.1 算术运算符

运算符	描述	例子	结果
+	两个操作数相加	2+6	8
−	两个操作数相减	8-7	1
*	两个操作数相乘	3*4	12
/	用一个操作数除以另一个操作数	12.5/4	3.125
\	用于两个整数的整除	16\3	5
Mod	返回整数相除时所得到的余数	18 Mod 4	2
^	指数运算	3^2	9

2. 关系运算符

关系运算符也叫比较运算符，使用关系运算符可以构建关系表达式。关系运算符用于比较两个操作数的值，并返回一个逻辑值（True 或者 False）。表 4.2.2 列出了可以在 Access 表达式中使用的比较运算符。

表 4.2.2 关系运算符

运算符	描述	例子	结果
<	小于	2<6	True
<=	小于或等于	41<=100	True
>	大于	56>99	False
>=	大于或等于	33>=12	True
=	等于	5=6	False
<>	不等于	77<>78	True

3. 逻辑运算符

逻辑运算符通常用于将两个或多个关系表达式连接起来表示条件，其结果也是一个逻辑值（True 或者 False）。表 4.2.3 列出了可以在 Access 查询中使用的逻辑运算符。

表 4.2.3 逻辑运算符

运算符	描述	例子	结果
And	逻辑与	True And True	True
		True And False	False
Or	逻辑或	True Or True	True
		False Or False	False
Not	逻辑非	Not True	False
		Not False	True

在为查询设置多个条件时，有以下两种写法。

（1）将多个条件写在设计网格的同一行，表示"AND"运算；将多个条件写在不同行，表示"OR"运算。

（2）直接在"条件"行中书写逻辑表达式。

4. 使用其他运算符表示条件

除了上面所述的使用关系运算符和逻辑运算符来表示条件之外，还可以使用 Access 提供的运算符进行条件设置。表 4.2.4 列出了在 Access 查询中使用的 4 种其他运算符。

表 4.2.4 其他运算符

运算符	描述	例子	含义
Is	和 Null 一起使用，确定某值是 Null 还是 Not Null	Is Null	是空值
		Is Not Null	不是空值
Like	查找指定模式的字符串，可使用通配符 * 和?	Like" 王 *"	第 1 字符为"王"字且后面可以任意多个字符
		Like" 王 ?"	两个字符且第 1 字符为"王"字
In	确定某个字符串是否为某个值列表中的成员	In（"王"，"赵"，"罗"）	在"王"、"赵"、"罗" 3 个字符中的任一个
Between	确定某个数字值或者日期值是否在给定的范围之内	Between 10 And 100	在 10 ~ 100 之间的数
		Between#1994-6-1#And #1995-6-1#	日期在 1994-6-1 到 1995-6-1 之间

5. 常用函数

在查询表达式中还可以使用函数。表 4.2.5 列出了一些常用的函数。

表 4.2.5 常用函数

	函数	功能	例子	结果
数值函数	Abs	绝对值	Abs（-14）	14
	Sqr	平方根	Sqr（16）	4
	Int	取整	Int（6.4）	6
	Round	返回一个四舍五入到指定的小数位数的数字	Round（12.67，1）	12.7
日期/时间函数	Date	返回当前的系统日期	Date（）	2011-04-17
	Time	返回当前的系统时间	Time（）	17：25：15
	Now	返回当前的系统日期和时间	Now（）	2011-04-17 17：25：15
	Year	返回一个年份	Year（#2011-04-17#）	2011
	Month	返回 1~12 的一个整数	Month（#2011-04-17#）	4
	Day	返回 1~31 的一个整数	Day（#2011-04-17#）	17
字符函数	Left	从字符串左侧第 1 个字符开始截取指定数量的字符	Left（" 李明明 "，1）	" 李 "
	Right	从字符串右侧第 1 个字符开始截取指定数量的字符	Right（" 李明明 "，2）	" 明明 "
	Mid	取子串	Mid（" 北京高等教育出版社 "，3，5）	" 高等教育出版社 "
	Len	返回字符串的长度	Len（" 北京高等教育出版社 "）	7

6. 常用的统计计算函数及功能

在查询设计视图中，在"总计"栏中共有 12 个命令选项，各个命令选项及其功能如表 4.2.6 所示。

表 4.2.6 常用的统计计算函数及功能

命令选项	功能
Group By	对记录进行分组
Sum	计算字段中所有记录的总和
Avg	计算字段中所有记录的平均值
Min	取字段的最小值
Max	取字段的最大值
Count	统计字段中非空值的记录数
stDev	计算记录字段的标准差
Var	计算记录字段的方差
First	取表中第一条记录的该字段值
Last	取表中最后一条记录的该字段值
Expression	输入一个表达式
Where	输入检索和筛选记录的条件

【体验活动】

打开"图书管理系统"数据库，完成下列查询操作：

1. 创建一个名为"图书类别排序"的查询，按图书类别顺序显示图书信息。

2. 创建一个名为"据出版社及书名查询"的查询，查询"高等教育出版社"出版的"计算机应用基础"的图书情况。

3. 创建一个名为"某书被借阅情况"的查询，查询"Access 2003 数据库应用基础"该书被借阅情况。

4. 创建一个名为"据出版日期查询图书"的查询，查询出版日期在 2009-10-1 至 2010-12-31 之间的图书。

5. 创建一个名为"编者查询 In"的查询，使用"In"运算符，查询"编者"姓"周"、"吴"和"林"的图书记录。

6. 创建一个名为"出版社（高教和清华）"的查询，查询"高等教育出版社"和"清华大学出版社"出版的图书。

7. 创建一个名为"出版社或日期"的查询，查询"高等教育出版社"或者是 2009 年所出版的图书。

8. 创建一个名为"图书金额"的查询，查询"高等教育出版社"各种图书的所用金额。

9. 创建一个名为"超期天数"的查询，查询出未还图书的超期天数。

10. 创建一个名为"图书类别分组汇总"的查询，统计出各种类别图书的总数。

任务 4.3　创建交叉表查询

【任务说明】

交叉表查询可以计算并重新组织数据的结构，以类似电子表格的形式显示数据，可以更方便地分析数据。交叉表查询主要用于计算数据的总和、平均值、计数或其他计算。用于交叉表查询的字段可以分成两组：一组以行标题的方式显示在表格的左边；另一组以列标题的方式显示在表格的顶端，在行列的交叉点上显示计算数据。创建交叉表查询有两种方法：使用向导创建交叉表查询和使用设计视图创建交叉表查询。

【任务目标】

让学生学会创建交叉表查询，理解交叉表查询的意义。

一、使用向导创建交叉表查询

案例 12：创建一个名为 "学生成绩（交叉表）" 的交叉表查询。查询每个学生各门课程的成绩。

【实现步骤】

第 1 步：单击 "创建" 选项卡上 "其他" 组的 "查询向导" 按钮，打开 "新建查询" 对话框，选择 "交叉表查询向导" 选项，单击 "确定" 按钮。

第 2 步：在 "交叉表查询向导"（选择表或查询）对话框中，选择 "表：学生成绩" 表，如图 4.3.1 所示。

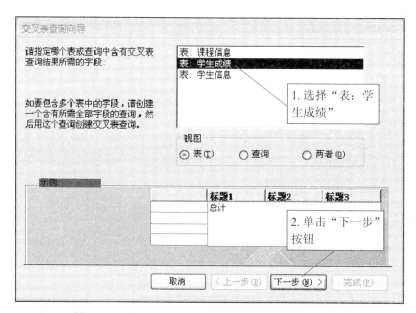

图 4.3.1　"交叉表查询向导"（选择表或查询）对话框

第 3 步：在 "交叉表查询向导"（确定行标题）对话框中，选择 "学号" 字段，如图 4.3.2 所示。

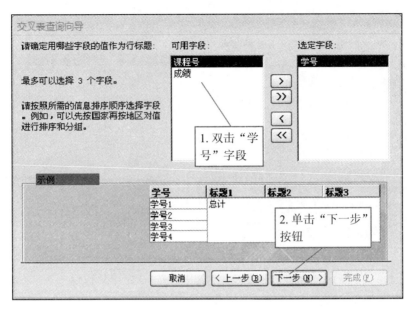

图 4.3.2 "交叉表查询向导"（确定行标题）对话框

第 4 步：在"交叉表查询向导"（确定列标题）对话框中，选择"课程号"字段，如图 4.3.3 所示。

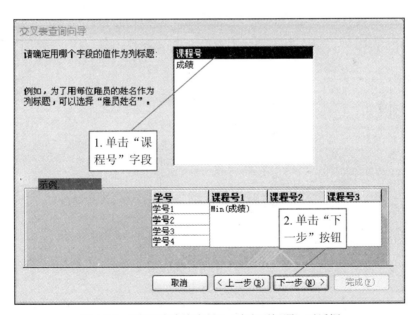

图 4.3.3 "交叉表查询向导"（确定列标题）对话框

第 5 步：在"交叉表查询向导"（确定交叉点信息）对话框中，取消勾选"是，包括各行小计"复选框，如图 4.3.4 所示。

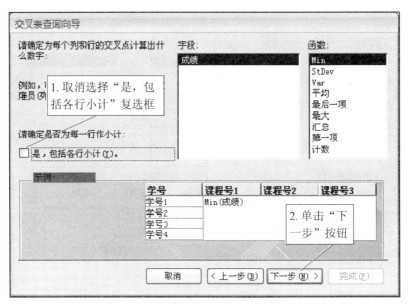

图 4.3.4 "交叉表查询向导"（确定交叉点信息）对话框

第 6 步：在"交叉表查询向导"（指定查询名称）对话框中输入查询名称，并选择输出方式，如图 4.3.5 所示。

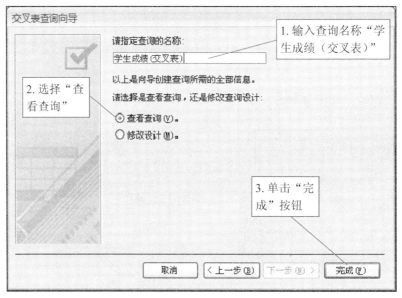

图 4.3.5 "交叉表查询向导"（指定查询名称）对话框

完成以上操作后，查询结果如图 4.3.6 所示。

学生成绩(交叉表)

学号	001	002	003	004
20110101	85	74	96	82
20110102	81	73	79	90
20110103	65	53		80
20110104	78	84	93	62
20110105	65	76	88	92
20110201	66	71	89	90
20110202	62		84	91
20110203	60	56	58	68

记录: 第 1 项(共 19 项 无筛选器 搜索

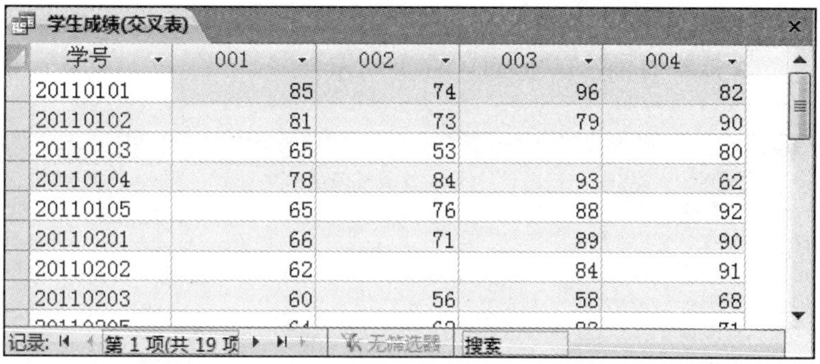

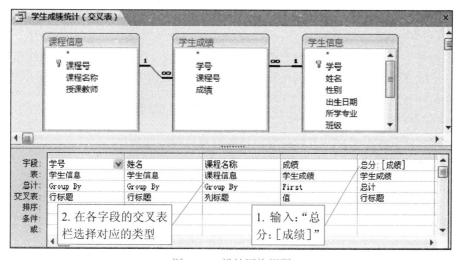

图 4.3.6　查询结果

二、使用设计视图创建交叉表查询

案例 13：创建一个名为“学生成绩统计（交叉表）”的交叉表查询。查询每个学生各门课程的成绩，并求出总分。

【实现步骤】

第 1 步：单击“创建”选项卡上“其他”组的“查询设计”按钮，打开查询设计视图和“显示表”对话框，添加“学生信息”、“课程信息”和“学生成绩”表。

第 2 步：在“查询设计窗口（选择字段）”中，将“学生信息”表中的“学号”、“姓名”字段、“课程信息”表中的“课程名称”字段和“学生成绩”表中的“成绩”字段添加到“设计网格”的字段行中。

第 3 步：单击“设计”选项卡上“查询类型”组的 ▦（交叉表）按钮。

第 4 步：在“设计网格视图”第 5 列的字段中输入“总分：[成绩]”，总计栏选择“总计”。在交叉表栏中，“学号”、“姓名”、“总分：[成绩]”字段选择“行标题”，“课程名称”字段选择“列标题”，“成绩”字段选择“值”，如图 4.3.7 所示。

图 4.3.7　设计网格视图

第 5 步：保存查询，在“另存为”对话框中输入查询名称“学生成绩统计（交叉表）”，单击“确定”按钮，并运行查询，结果如图 4.3.8 所示。

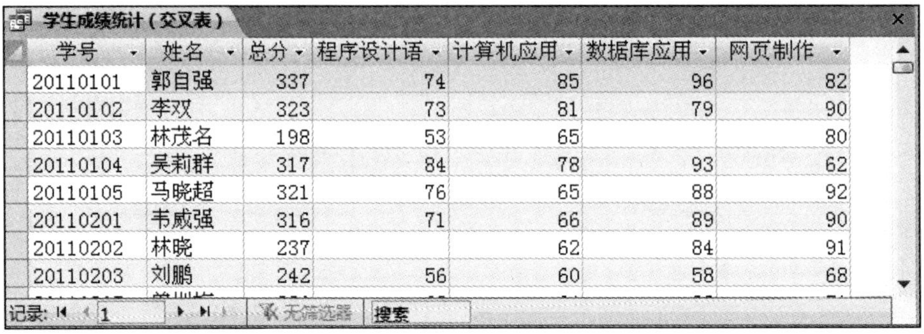
学生成绩统计（交叉表）

学号	姓名	总分	程序设计语	计算机应用	数据库应用	网页制作
20110101	郭自强	337	74	85	96	82
20110102	李双	323	73	81	79	90
20110103	林茂名	198	53	65		80
20110104	吴莉群	317	84	78	93	62
20110105	马晓超	321	76	65	88	92
20110201	韦威强	316	71	66	89	90
20110202	林晓	237		62	84	91
20110203	刘鹏	242	56	60	58	68

记录：1　无筛选器　搜索

图 4.3.8　查询结果

小贴士

在交叉表查询中，只能有一个列标题和值，但可以有一个或多个行标题。

提示

用向导创建交叉表只能创建单表查询，而用设计视图创建交叉表则可以实现多表查询。

【体验活动】

打开“图书管理系统”数据库，完成下列查询操作：

创建一个名为“读者借书总数（交叉表）”的交叉表查询，查询读者借书总数和借书的书名。

任务 4.4　创建参数查询

【任务说明】

参数查询是一种交互式的查询，它在执行时显示对话框，提示用户输入要查询的条件，然后依据条件生成查询结果。参数查询在使用中，可以使用一个参数的查询，也可以使用多个参数的查询。

【任务目标】

让学生学会创建参数查询的方法，理解执行参数查询的操作形式。

一、创建一个参数的查询

案例 14：创建一个名为“按班号查询（单参数）”的参数查询。通过输入班级号，查找出该班学生的信息。

【实现步骤】

第 1 步：单击“创建”选项卡上“其他”组的“查询设计”按钮，打开查询设计视图和

"显示表"对话框，添加"学生信息"表。

第2步：在"查询设计窗口（选择字段）"中，将"学生信息"表中的"班级"、"姓名"、"性别"、"出生日期"、"所学专业"字段添加到"设计网格"的字段行中。

第3步：在"设计网格视图"中，在"班级"字段下方的"条件"栏中输入"[请输入班级：]"，如图4.4.1所示。

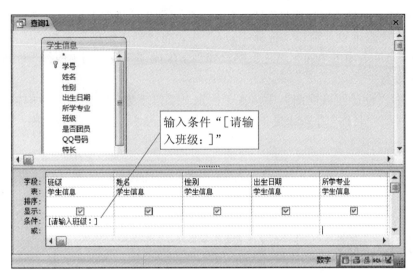

图 4.4.1 设计网格视图

> **提示**
>
> 设置参数查询时，在"条件"栏中输入以方括号"[ ]"括起来的短语作为参数的名称。

第4步：保存查询，在"另存为"对话框中输入查询名称"按班号查询（单参数）"，单击"确定"按钮。

第5步：运行查询，弹出"输入参数值"对话框，在该对话框的文本框中输入班级编号"1101"，单击"确定"按钮，如图4.4.2所示。

第6步：查看查询结果，如图4.4.3所示。

班级	姓名	性别	出生日期	所学专业
1101	郭自强	男	1995-1-8	计算机及应用
1101	李双	女	1994-5-16	计算机及应用
1101	林茂名	男	1994-6-18	计算机及应用
1101	吴莉群	女	1995-7-26	计算机及应用
1101	马晓超	男	1995-5-20	计算机及应用

记录：第1项（共5项） 无筛选器 搜索

图 4.4.2 "输入参数值"对话框　　　　　　　　图 4.4.3 查询结果

二、创建多个参数的查询

案例 15：创建一个名为"按课程和性别查询（多参数）"的参数查询。查找数据库应用课程中所有女同学的记录情况。

【实现步骤】

第 1 步：单击"创建"选项卡上"其他"组的"查询设计"按钮，打开查询设计视图和"显示表"对话框，添加"课程信息"、"学生成绩"、"学生信息"表。

第 2 步：在"查询设计窗口（选择字段）"中，将"学生信息"表中的"姓名"、"性别"字段、"课程信息"表中的"课程名称"字段和"学生成绩"表中的"成绩"字段添加到"设计网格"的字段行中。

第 3 步：在"设计网格视图"中，在"性别"字段下方的"条件"栏中输入"[请输入性别：]"，在"课程名称"字段下方的"条件"栏中输入"[请输入课程名称：]"，如图 4.4.4 所示。

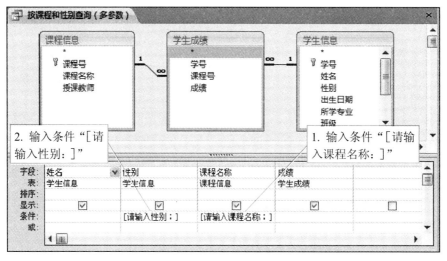

图 4.4.4　设计网格视图

第 4 步：保存查询，在"另存为"对话框中输入查询名称"按班号查询（多参数）"，单击"确定"按钮。

第 5 步：运行查询，弹出第一个"输入参数值"对话框，在该对话框的文本框中输入性别"女"，单击"确定"按钮。弹出第二个"输入参数值"对话框，在该对话框的文本框中输入课程名称"数据库应用"，单击"确定"按钮，如图 4.4.5 所示。

图 4.4.5　"输入参数值"对话框

第 6 步：查看查询结果，如图 4.4.6 所示。

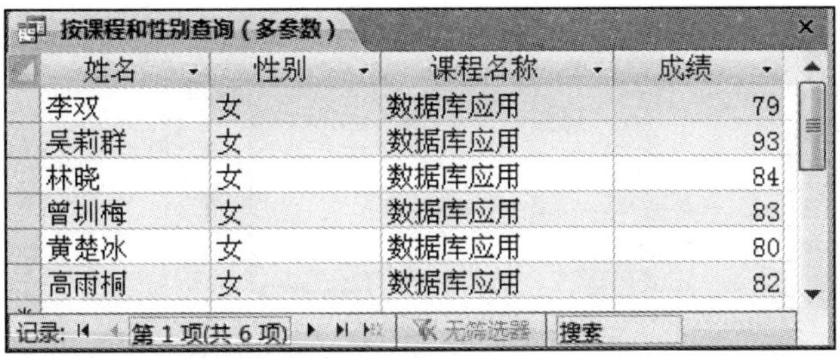
按课程和性别查询（多参数）

姓名	性别	课程名称	成绩
李双	女	数据库应用	79
吴莉群	女	数据库应用	93
林晓	女	数据库应用	84
曾圳梅	女	数据库应用	83
黄楚冰	女	数据库应用	80
高雨桐	女	数据库应用	82

记录：第 1 项(共 6 项) 无筛选器 搜索

图 4.4.6　查询结果

【体验活动】

打开“图书管理系统”数据库，完成下列查询操作：

创建一个名为“参数查询”的参数查询，查询在某个时间段入馆图书的情况。

任务 4.5　创建操作查询

【任务说明】

操作查询是 Access 查询中的重要组成部分，用于对数据库进行复杂的数据管理操作。操作查询可以实现对数据库中的现有数据进行修改、插入、创建或删除操作。利用操作查询可以一次操作完成多条记录的处理，大大提高了数据管理的质量和效率。

操作查询共有 4 种类型：生成表查询、更新查询、追加查询和删除查询。

【任务目标】

让学生理解操作查询的 4 种类型，学会创建操作查询。

一、创建生成表查询

【任务说明】

在通常情况下，查询的结果存储在一个临时表中，每次打开时都要重新生成，而生成表查询是将查询结果保存在一个新表中。该新表可以保存在已打开的数据库中，也可以保存在其他数据库中。新生成的表是独立的，对于新表的操作，将不影响原始表，新生成的表可以在窗体或报表中加以利用。

【任务目标】

让学生学会将查询结果生成一张新表。

案例 16：创建一个生成表查询，将成绩不及格学生的情况存入一个“不及格学生”的新表中。

【实现步骤】

第 1 步：单击“创建”选项卡上“其他”组的“查询设计”按钮，打开查询设计视图和“显示表”对话框，添加“学生信息”、“学生成绩”、“课程信息”表。

第 2 步：在查询设计窗口中，将需要的字段按显示的顺序添加到“设计网格”的字段行中。在“成绩”字段下方的“条件”栏中输入“<60”，如图 4.5.1 所示。

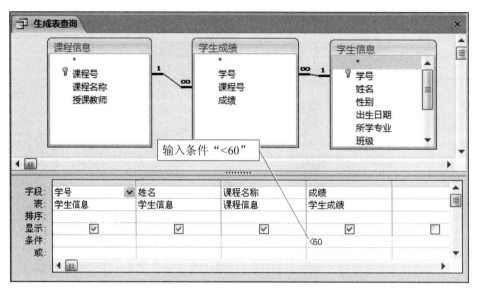

图 4.5.1　查询设计窗口

第 3 步：单击"设计"选项卡上"查询类型"组的"生成表"按钮，打开"生成表"对话框，在该对话框输入表名称"不及格学生"，单击"当前数据库"单选按钮，如图 4.5.2 所示。

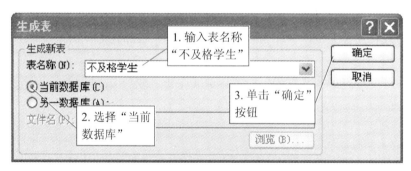

图 4.5.2　"生成表"对话框

第 4 步：保存查询，在"另存为"对话框中输入查询名称"不及格学生"，单击"确定"按钮。

第 5 步：单击"运行"按钮，弹出提示对话框，单击"是"按钮，如图 4.5.3 所示。

图 4.5.3　提示对话框

第 6 步：双击“表”对象窗口中“不及格学生”表，查看使用生成表查询新创建的表记录，如图 4.5.4 所示。

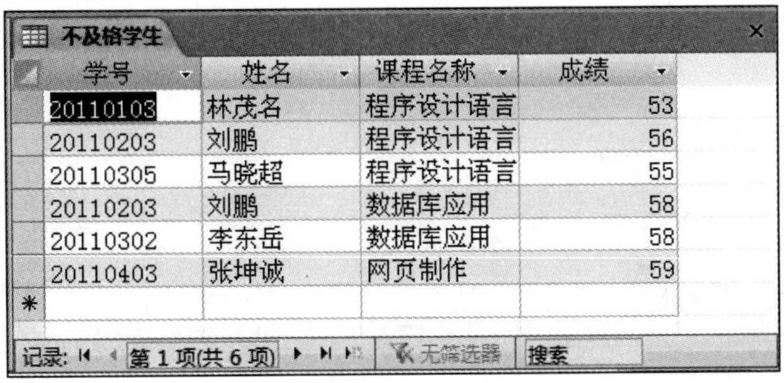

不及格学生

学号	姓名	课程名称	成绩
20110103	林茂名	程序设计语言	53
20110203	刘鹏	程序设计语言	56
20110305	马晓超	程序设计语言	55
20110203	刘鹏	数据库应用	58
20110302	李东岳	数据库应用	58
20110403	张坤诚	网页制作	59

记录：第 1 项(共 6 项) 无筛选器 搜索

图 4.5.4 新创建的“不及格学生”表

小贴士

本单元前面几节创建的查询都可以直接利用“生成表查询”命令生成新数据表。具体操作方法是在查询设计视图窗口中打开该查询，单击“设计”选项卡上“查询类型”组的“生成表”按钮，指定一个表名后，再单击工具栏的“运行”按钮。

二、创建更新查询

【任务说明】

在进行数据库维护时，经常需要对大量数据进行有规律性的更新。利用更新查询可以对一个或多个表中的一组记录全部进行更新，而不必逐条进行修改。这种更新通常是对带有规律性字段的更新。例如，将职工工资在原来基础上增加 10%，将维护成本增加 20% 等。

【任务目标】

让学生学会利用更新查询实现多条记录的同时修改。

案例 17：创建一个更新查询，将所有学生的“程序设计语言”课程成绩均增加 5 分。

【实现步骤】

第 1 步：单击“创建”选项卡上“其他”组的“查询设计”按钮，打开查询设计视图和“显示表”对话框，添加“课程信息”和“学生成绩”表。

第 2 步：在“查询设计窗口（选择字段）”中，将“学生成绩”表中的“成绩”字段和“课程信息”表中的“课程名称”字段添加到“设计网格”的字段行中。

第 3 步：单击“设计”选项卡上“查询类型”组的“更新”按钮。在“设计网格视图”中，在“课程名称”字段的条件栏中输入“程序设计语言”，在“成绩”字段的“更新到”栏中输入“[成绩] +5”，如图 4.5.5 所示。

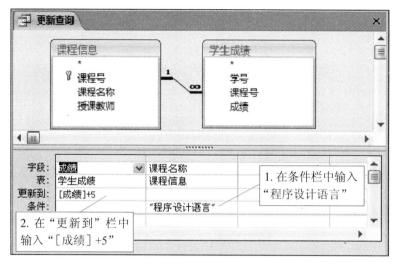

图 4.5.5 设计网格视图

第 4 步：保存查询，在"另存为"对话框中输入查询名称"更新查询"，单击"确定"按钮。

第 5 步：单击"运行"按钮，弹出提示对话框，单击"是"按钮，如图 4.5.6 所示。

图 4.5.6 更新记录提示对话框

第 6 步：双击"表"对象窗口中"成绩信息"表，查看"程序设计语言"（课程号：002）课程更新后的表记录。图 4.5.7 为更新前的成绩记录，图 4.5.8 为更新后的成绩记录。

学生成绩		
学号	课程号	成绩
20110101	002	74
20110102	002	73
20110103	002	53
20110104	002	84
20110105	002	76
20110201	002	71
20110203	002	56
20110205	002	62
20110301	002	88

记录：第 9 项（共 18 项）已筛选 搜索

图 4.5.7 更新前的成绩记录

学生成绩		
学号	课程号	成绩
20110101	002	79
20110102	002	78
20110103	002	58
20110104	002	89
20110105	002	81
20110201	002	76
20110203	002	61
20110205	002	67
20110301	002	93

记录：第 1 项（共 18 项）已筛选 搜索

图 4.5.8 更新后的成绩记录

提示

更新查询只能执行一次。如果执行多次，将使数据表中的数据多次被更新，势必造成数据错误。

三、创建追加查询

【任务说明】

追加查询是将一个或多个表中符合条件的记录追加到另一个表尾部的查询。追加记录时只追加相匹配的字段，忽略其他字段。

【任务目标】

让学生学会将一个表中的记录追加到另一个表中的方法。

案例 18：创建一个追加查询，将新转入学生表中男生的记录追加到学生信息表中。

【实现步骤】

第 1 步：单击"创建"选项卡上"其他"组的"查询设计"按钮，打开查询设计视图和"显示表"对话框，将"新转入学生"表中的所有字段添加到"设计网格"字段行中。在"性别"字段的条件栏中输入"男"，如图 4.5.9 所示。

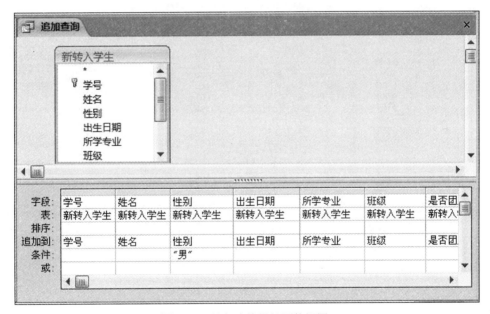

图 4.5.9 追加查询设计网格视图

第 2 步：单击"设计"选项卡上"查询类型"组的"追加"按钮，弹出"追加"对话框，设置该对话框选项，如图 4.5.10 所示。

第 3 步：保存查询，在"另存为"对话框中输入查询名称"追加查询"，单击"确定"按钮。

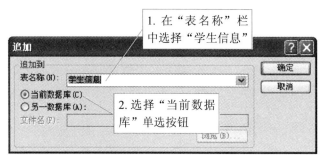

图 4.5.10 "追加" 对话框

第 4 步：单击 "运行" 按钮，弹出提示对话框，单击 "是" 按钮。

第 5 步：双击 "表" 对象窗口中 "学生信息" 表，查看追加新记录后的表记录，如图 4.5.11 所示。

学号	姓名	性别	出生日期	所学专业	班级	是否团员	QQ号码	特长	照片	碰加
20110101	郭自强	男	1995-1-8	计算机及应用	1101	☐	999888	钢琴	位图图像	
20110102	李双	女	1994-5-16	计算机及应用	1101	☑	880023	游泳		
20110103	林茂名	男	1994-6-12	计算机及应用	1101	☐	654321	吉他		
20110104	吴莉群	女		机及应用	1101	☑	111222	街舞		
20110105	马晓超	男	1995-5-20	计算机及应用	1101	☑	100010			
20110107	吴国	男	1995-2-16	计算机及应用	1101	☑	165222	街舞		
20110201	韦威强	男	1995-1-3	数字媒体技术	1102	☑	558866	唱歌		
20110202	林晓	女	1994-9-10	数字媒体技术	1102	☐	778899	民族舞	位图图像	
20110203	刘鹏	男	1994-4-9	数字媒体技术	1102	☑	456456	乒乓球		
20110204	林诚志	男		媒体技术	1102	☑	321321	唱歌		
20110205	曾圳梅	女	1996-10-23	数字媒体技术	1102	☑	686868	乒乓球		
20110206	谭强	男	1995-5-16	数字媒体技术	1102	☑	850023	足球		
20110301	庄小峰	男	1994-6-18	电子商务	1103	☑	567567		位图图像	
20110302	李东岳	男	1995-7-20	电子商务	1103	☑	555888	唱歌		
20110303	黄楚冰	女	1994-1-1	电子商务	1103	☐	147147	唱歌		
20110304	颜瑞	男		子商务	1103	☑	336688	羽毛球		
20110305	马晓超	男	1995-6-29	电子商务	1103	☑	789789	相声		
20110306	谢茂辉	男	1994-8-12	电子商务	1103	☑	654321	吉他		
20110401	宋玉泉	男	1994-12-18	计算机网络技术	1104	☑	918918	羽毛球		
20110402	高雨桐	女	1994-9-3	计算机网络技术	1104	☐	112233	羽毛球	位图图像	
20110403	张坤诚	男	1995-11-29	计算机网络技术	1104	☑	336699			
20110404	李智君	男	1994-6-25	计算机网络技术	1104	☑	618618	羽毛球		
20110405	黄叶恒	男	1996-7-8	计算机网络技术	1104	☑	921921	唱歌		
*						☐				

新转入学生（标注，对应 20110104、20110204、20110304 记录）

记录: ◄ 第 1 项(共 23 项) ► ►| ►* 无筛选器 搜索

图 4.5.11 追加记录后的 "学生信息" 表

💡 提示

追加查询要求提供数据的表和接受追加的表必须具有相同的字段（字段顺序可以不同），同一字段具有相同的属性，字段个数可以不同。

追加查询与其他操作查询一样，只能执行一次。在查询设计视图中，每单击一次 "运行" 按钮，则追加一次记录，因此，要避免追加重复的记录。

四、创建删除查询

【任务说明】

删除查询是指将符合条件的记录整条删除。使用删除查询，删除的记录将无法恢复。删除查询可以删除一个表内的记录，也可以利用表间关系删除相互关联的表中对应的记录。

【任务目标】

让学生学会将指定条件的记录删除的方法，并理解对建立了表间关系的表进行删除记录后相应表的变化。

案例 19：创建一个删除查询，删除已调出的学生"李双"的记录。注意观察相应"学生成绩"表中记录的变化。

【实现步骤】

第 1 步：单击"创建"选项卡上"其他"组的"查询设计"按钮，打开查询设计视图和"显示表"对话框，将"学生信息"表中的"姓名"字段添加到"设计网格"。在"姓名"字段的条件栏中输入"李双"。

第 2 步：单击"设计"选项卡上"查询类型"组的"删除"按钮。在"设计网格"中，在"删除"栏中选择"Where"，如图 4.5.12 所示。

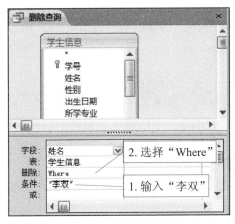

图 4.5.12 设计网格视图

第 3 步：保存查询，在"另存为"对话框中输入查询名称"删除查询"，单击"确定"按钮。

第 4 步：单击"运行"按钮，弹出删除记录的提示对话框，单击"是"按钮。

第 5 步：双击"表"对象窗口中"学生成绩"表，查看删除学生"李双"后的表记录（李双的学号为 20110102）。图 4.5.13 为删除前的记录，图 4.5.14 为删除后的记录。

图 4.5.13　删除前的学生成绩 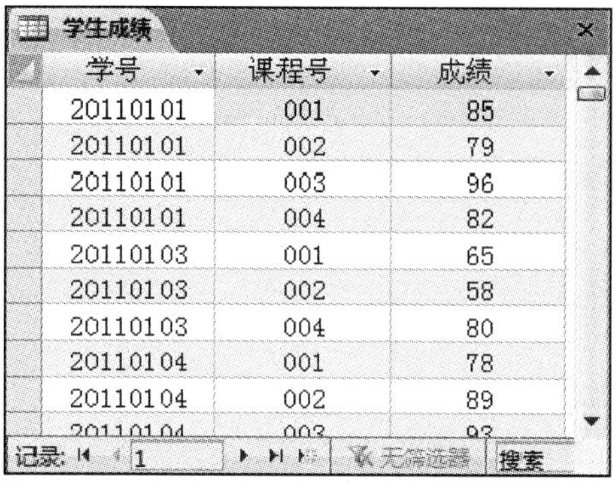　　　　　　图 4.5.14　删除后的学生成绩

> **提示**
>
> 　　在删除查询中，如果关联表之间建立了 "实施参照完整性" 和 "级联删除相关记录" 规则，执行删除查询可能会同时删除相关联表中的记录，即使它们并不包含在查询中。当查询中在包含一对多关系中的 "一" 表删除记录时，同时也删除了 "多" 表中的记录。正如案例 19 中，由于 "学生信息" 表和 "学生成绩" 表已经建立了关联，并且默认建立了 "实施参照完整性" 和 "级联删除相关记录" 规则，当删除 "学生信息" 表中的记录时，"学生成绩" 表中相关联的记录也会被删除。

【体验活动】

打开 "图书管理系统" 数据库，完成下列操作查询：

1. 创建一个生成表查询，将最近一个时段入馆的图书存入新创建的 "新入馆图书" 表中。

2. 创建一个更新查询，根据 "借还信息" 表中 "是否已还" 的状态，用 "已还" 图书的数量去更新 "读者信息" 表的已借数量。

3. 创建一个追加查询，将 "新购图书" 表中 "高等教育出版社" 的图书追加到 "图书信息" 表中。

4. 创建一个删除查询，查询并删除 "借还信息" 表中已还图书的记录。

任务 4.6　创建 SQL 查询

【任务说明】

SQL（Structure Query Language，结构化查询语言）是用来对数据库进行组织、管理和检索的语言。SQL 是目前关系型数据库管理系统采用的数据库主流语言之一。

SQL 查询是使用 SQL 语言创建的查询，在查询设计视图中创建查询时，Access 将在后台构造等效的 SQL 语句，可以在 SQL 视图中查看和编辑 SQL 语句。

在 SQL 语言中用得最多的是 SELECT 语句，SELECT 语句的基本语法格式如下：

SELECT < 字段名列表 >

FROM < 表名 >

[WHERE < 条件表达式 >]

[GROUP BY < 分组项 >]

[ORDER BY < 排序项 >[ASC|DESC]]

其中，方括号（[]）内的内容是可选的，尖括号（<>）内的内容是必须出现的。

SELECT 语句中各子句的意义如下：

（1）SELECT 子句：用于指定要查询的字段数据。

（2）FROM 子句：用于指出要查询的数据来自哪个或哪些表。

（3）WHERE 子句：用于给出查询的条件。

（4）GROUP BY 子句：用于对查询结果按"分组项"进行分组，可以利用它进行分组汇总。

（5）ORDER BY 子句：用于对查询的结果按"排序项"进行排序，ASC 表示升序，DESC 表示降序。

【任务目标】

让学生了解 SQL 语句的基本语法，学会编写简单的 SQL 命令。

一、查询部分字段

【任务说明】

使用 SELECT 命令可以查询表中全部或部分记录，命令格式如下：

SELECT < 字段名列表 >

FROM < 表名 >

【任务目标】

查询表中的数据。

案例 20：创建一个名为"学生信息（SQL）"的 SQL 查询，使用 SELECT 语句查询"学生信息"表中的"学号"、"姓名"、"性别"、"出生日期"和"所学专业"等信息。

【实现步骤】

第 1 步：新建一个名为"学生信息（SQL）"查询。在查询设计视图中不选择任何表或查询，关闭"显示表"窗口。

第 2 步：单击工具栏的"结果"组中的"SQL 视图"按钮，切换到"SQL 视图"。

第 3 步：在打开的 SQL 视图窗口中输入如下内容（如图 4.6.1 所示）：

SELECT 学号，姓名，性别，出生日期，所学专业 FROM 学生信息

第 4 步：单击工具栏的"结果"组中的 ▦（视图）或 ！（运行）按钮，查询结果如图 4.6.2 所示。

图 4.6.1　查询部分字段的 SQL 语句

图 4.6.2 "学生信息（SQL）"查询结果

:tulip: 提示

查询结果是显示表中的全部记录，输出字段的排列顺序由命令中字段的排列顺序决定。如果用 SELECT 语句查询输出表中的全部字段，除了在命令中将全部字段名一一列举出来之外，还可以用通配符"*"表示表中的全部字段。

例如，在 SQL 视图窗口中输入以下命令：

SELECT * FROM 学生信息

查询结果是显示"学生信息"表中全部记录的全部字段内容。

:email: 小贴示

使用 SELECT 语句要注意的问题：

（1）SELECT 语句不分大小写。

（2）SELECT 语句中的所有标点符号（包括空格）必须采用半角西文符号，如果采用中文符号，运行时将弹出出错提示对话框。

二、指定条件查询

【任务说明】

使用 SELECT 语句可以有条件地查询记录，命令格式如下：

SELECT < 字段名列表 >

FROM < 表名 >

[WHERE < 条件表达式 >]

【任务目标】

在指定的表中查询满足条件的记录。

案例 21：创建一个名为"电子商务专业学生"的 SQL 查询，查询"学生信息"表中电子商务专业的学生信息，只显示"学号"、"姓名"、"性别"和"所学专业"。命令如下：

SELECT 学号，姓名，性别，所学专业 FROM 学生信息

WHERE 所学专业 = " 电子商务 "

查询结果如图 4.6.3 所示。

学号	姓名	性别	所学专业
20110301	庄小峰	男	电子商务
20110302	李东岳	男	电子商务
20110303	黄楚冰	女	电子商务
20110304	颜瑞	男	电子商务
20110305	马晓超	男	电子商务

图 4.6.3　查询电子商务专业学生的结果

【技能拓展】

在 SELECT 语句中，利用 WHERE< 条件 > 选项可以建立多个表之间的连接。例如，按"学号"字段建立"学生信息"表与"学生成绩"表之间的联接，使用 WHERE 选项表示为"WHERE 学生信息 . 学号 = 学生成绩 . 学号"。

案例 22：创建一个名为"学生成绩 SQL（多表）"的 SQL 查询，显示"学号"、"姓名"、"课程名称"、"成绩"字段内容。命令如下：

SELECT 学生信息 . 学号，姓名，课程名称，成绩

FROM 学生信息，课程信息，学生成绩

WHERE 学生信息 . 学号 = 学生成绩 . 学号

AND 课程信息 . 课程号 = 学生成绩 . 课程号

查询结果如图 4.6.4 所示。

学号	姓名	课程名称	成绩
20110101	郭自强	计算机应用基础	85
20110101	郭自强	程序设计语言	74
20110101	郭自强	数据库应用	96
20110101	郭自强	网页制作	82
20110102	李双	计算机应用基础	81
20110102	李双	程序设计语言	73
20110102	李双	数据库应用	79
20110102	李双	网页制作	90
20110103	林茂名	计算机应用基础	65
20110103	林茂名	程序设计语言	53
20110103	林茂名	网页制作	80
20110104	吴莉群	计算机应用基础	78
20110104	吴莉群	程序设计语言	84
20110104	吴莉群	数据库应用	93
20110104	吴莉群	网页制作	62
20110105	马晓超	计算机应用基础	65
20110105	马晓超	程序设计语言	76
20110105	马晓超	数据库应用	88

图 4.6.4　学生成绩 SQL（多表）查询结果

三、排序查询结果

【任务说明】

使用 SELECT 命令可以对查询结果进行排序输出，命令格式如下：

SELECT ＜字段名列表＞

FROM ＜表名＞

ORDER BY ＜排序项＞[ASC|DESC]

【任务目标】

对查询结果按指定的内容进行排序输出。

案例 23：创建一个名为 "数据库成绩（排序）" 的 SQL 查询，要求列出数据库应用课程的成绩，并按照成绩从高到低的顺序进行排列。显示的字段有 "学号"、"姓名"、"课程名称"、"成绩" 字段内容，命令如下：

SELECT 学生信息 . 学号，姓名，课程名称，成绩

FROM 学生信息，课程信息，学生成绩

WHERE 学生信息 . 学号＝学生成绩 . 学号 AND 课程信息 . 课程号＝学生成绩 . 课程号

AND 课程名称＝" 数据库应用 "

ORDER BY 成绩 DESC

查询结果如图 4.6.5 所示。

学号	姓名	课程名称	成绩
20110101	郭自强	数据库应用	96
20110104	吴莉群	数据库应用	93
20110301	庄小峰	数据库应用	90
20110201	韦威强	数据库应用	89
20110105	马晓超	数据库应用	88
20110202	林晓	数据库应用	84
20110205	曾圳梅	数据库应用	83
20110402	高雨桐	数据库应用	82
20110303	黄楚冰	数据库应用	80
20110405	黄叶恒	数据库应用	80
20110404	李智君	数据库应用	79
20110304	颜瑞	数据库应用	79
20110102	李双	数据库应用	79
20110305	马晓超	数据库应用	78
20110403	张坤诚	数据库应用	63
20110401	宋玉泉	数据库应用	60
20110203	刘鹏	数据库应用	58

图 4.6.5 数据库课程按成绩降序输出

【技能拓展】

如果 ORDER BY 选项中有多个排序项，排序时先按第一个排序项排序，如果第一个排序项的值相同，再按第二个排序项排序，其余依次类推。例如在案例 23 的查询结果中，先按 "成绩" 降序排序，如果成绩相同，再按姓名升序排序。命令如下：

SELECT 学生信息 . 学号，姓名，课程名称，成绩

FROM 学生信息，课程信息，学生成绩
WHERE 学生信息 . 学号 = 学生成绩 . 学号
AND 课程信息 . 课程号 = 学生成绩 . 课程号
AND 课程名称 = " 数据库应用 "
ORDER BY 成绩 DESC，姓名 ASC

四、分组统计查询

【任务说明】

使用 SELECT 语句可以对查询结果进行分组统计输出，命令格式如下：

SELECT < 字段名列表 >
FROM < 表名 >
GROUP BY < 分组项 >

【任务目标】

对查询结果分组统计的操作。

案例 24：创建一个名为“成绩统计（分组）”的 SQL 查询，要求计算每个学生各门课程的总成绩，并按学号升序排列。显示的列名包括有“学号”、“姓名”、“总分”，命令如下：

SELECT 学生信息 . 学号，姓名，SUM（成绩）AS 总分
FROM 学生信息，学生成绩
WHERE 学生信息 . 学号 = 学生成绩 . 学号
GROUP BY 学生信息 . 学号，姓名
ORDER BY 学生信息 . 学号

查询结果如图 4.6.6 所示。

成绩统计（分组）

学号	姓名	总分
20110101	郭自强	337
20110102	李双	323
20110103	林茂名	198
20110104	吴莉群	317
20110105	马晓超	321
20110201	韦威强	316
20110202	林晓	237
20110203	刘鹏	242
20110205	曾圳梅	280
20110301	庄小峰	337
20110302	李东岳	277
20110303	黄楚冰	316
20110304	颜瑞	167
20110305	马晓超	306
20110401	宋玉泉	279
20110402	高雨桐	317
20110403	张坤诚	285
20110404	李智君	339
20110405	黄叶恒	254

图 4.6.6 成绩统计（分组）的查询结果

五、联合查询

【任务说明】

联合查询是使用 UNION 运算符将两个具有相同字段的表或查询根据某个条件合并成一个查询结果表。

【任务目标】

让学生学会和理解 UNION 运算符的使用。

案例 25：利用“学生信息”表和“新转入学生”表创建一个名为“联合查询”的 SQL 查询，要求显示是“原班级学生”还是“新转入学生”，并按学号升序排列。命令如下：

SELECT 学号，姓名，性别，所学专业，班级，" 原班级学生 " AS [身份]

FROM 学生信息

UNION ALL SELECT 学号，姓名，性别，所学专业，班级，" 新转入学生 "

FROM 新转入学生

ORDER BY 学号

查询结果如图 4.6.7 所示。

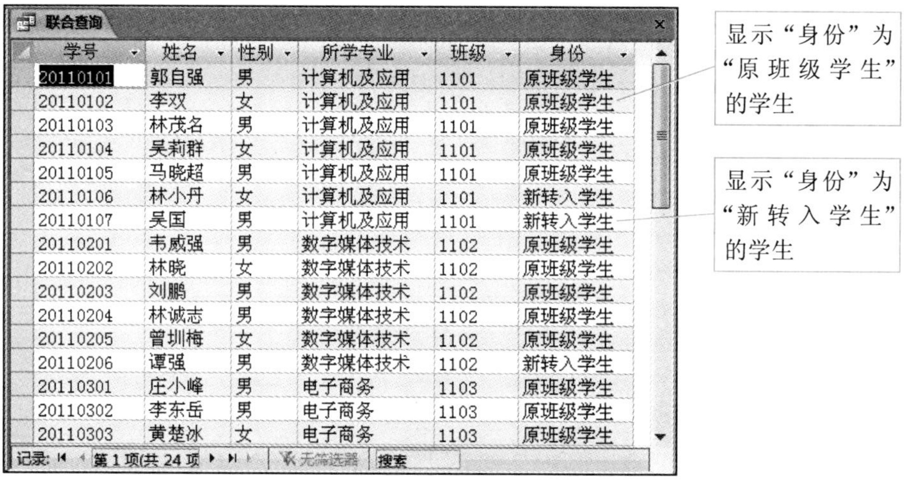

联合查询

学号	姓名	性别	所学专业	班级	身份
20110101	郭自强	男	计算机及应用	1101	原班级学生
20110102	李双	女	计算机及应用	1101	原班级学生
20110103	林茂名	男	计算机及应用	1101	原班级学生
20110104	吴莉群	女	计算机及应用	1101	原班级学生
20110105	马晓超	男	计算机及应用	1101	原班级学生
20110106	林小丹	女	计算机及应用	1101	新转入学生
20110107	吴国	男	计算机及应用	1101	新转入学生
20110201	韦威强	男	数字媒体技术	1102	原班级学生
20110202	林晓	女	数字媒体技术	1102	原班级学生
20110203	刘鹏	男	数字媒体技术	1102	原班级学生
20110204	林诚志	男	数字媒体技术	1102	原班级学生
20110205	曾圳梅	女	数字媒体技术	1102	原班级学生
20110206	谭强	男	数字媒体技术	1102	新转入学生
20110301	庄小峰	男	电子商务	1103	原班级学生
20110302	李东岳	男	电子商务	1103	原班级学生
20110303	黄楚冰	女	电子商务	1103	原班级学生

记录：第 1 项(共 24 项 无筛选器 搜索

图 4.6.7 联合查询结果

六、子查询

【任务说明】

子查询不能作为单独的一个查询，它是包含在另一个选择查询或操作查询中的 SELECT 语句，可以在查询设计网格的“字段”行中输入这些语句来定义新字段或在“条件”行中输入条件表达式。

【任务目标】

让学生学会子查询的创建，理解使用子查询的意义。

案例 26：创建一个名为“子查询”的 SQL 查询，查找出“计算机应用基础”课程成绩高于此课程平均成绩的记录。

命令如下：

SELECT 学生信息 . 学号，姓名，课程名称，成绩

FROM 学生信息，课程信息，学生成绩

WHERE 学生信息 . 学号 = 学生成绩 . 学号

AND 课程信息 . 课程号 = 学生成绩 . 课程号

AND 课程名称 = " 计算机应用基础 "

AND 成绩 >（SELECT AVG（成绩）FROM 学生成绩 WHERE

课程名称 = " 计算机应用基础 " ）

查询结果如图 4.6.8 所示。

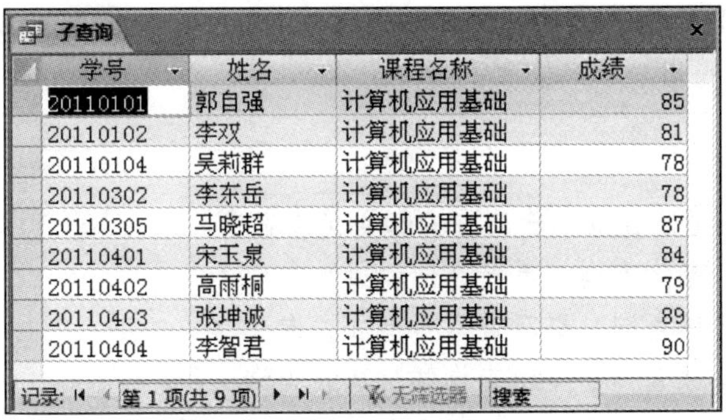

子查询

学号	姓名	课程名称	成绩
20110101	郭自强	计算机应用基础	85
20110102	李双	计算机应用基础	81
20110104	吴莉群	计算机应用基础	78
20110302	李东岳	计算机应用基础	78
20110305	马晓超	计算机应用基础	87
20110401	宋玉泉	计算机应用基础	84
20110402	高雨桐	计算机应用基础	79
20110403	张坤诚	计算机应用基础	89
20110404	李智君	计算机应用基础	90

记录: 第 1 项(共 9 项) 无筛选器 搜索

图 4.6.8　子查询的结果

【知识宝库】

SQL 查询类型主要有联合查询、数据定义查询、传递查询和子查询。对于常用的联合查询和子查询在前面已做过介绍。限于篇幅，对数据定义查询和传递查询在这里仅作简单的介绍。

数据定义查询是一种特殊类型的 SQL 查询，它不处理数据，而是用于创建、更改或删除数据表，或者用于创建数据库表中的索引或主键等。Access 所支持的数据定义语句包括：Create Table（创建表）、Alter Table（修改表）、Drop Table（删除表）、Create Index（创建索引）。

传递查询是 SQL 的特定查询之一，可以用于直接向 ODBC 数据库服务器发送命令。通过使用传递查询，不必与服务器上的表进行连接就可以直接操作服务器上的表。例如用户可以使用传递查询来检索记录、更改数据等。传递查询被直接传递到远程数据库服务器，并由该服务器执行处理，然后将结果传递回 Access。

在设计查询时，一般先在查询设计视图中创建基本的查询功能，然后再切换到 SQL 视图中，通过编写 SQL 语句完成特定的查询。但对于联合查询、数据定义查询、传递查询等却只能在 SQL 视图中通过创建 SQL 语句来实现查询。

习　题

一、填空题

1. 根据对数据源操作方式和结果的不同，查询可以分为 5 类：选择查询、交叉表查询、_____、操作查询和 SQL 查询。

2. 特殊运算符 Is Null 用于指定一个字段为 _____。

3. 使用 _____ 向导可以在一个表中查找关联表中没有关联的记录。

4. _____ 实际上是利用表中的行和列进行数据的统计。

5. 在交叉表查询中，只能有一个 _____ 和值，但可以有一个或多个 _____。

6. 如果基于多个表建立查询，应该在多个表之间先建立 _____。

7. 空值是使用 Null 或空白来表示字段的值。空字符串是用 _____ 括起来的字符串。

8. 在 SQL-SELECT 命令的 ORDER BY 子句中，DESC 表示按 _____ 输出，省略 DESC 表示按 _____ 输出。

二、选择题

1. 操作查询包括（　　　）。

    A. 生成表查询、更新查询、删除查询和交叉表查询

    B. 生成表查询、删除查询、更新查询和追加查询

    C. 选择查询、普通查询、更新查询和追加查询

    D. 选择查询、参数查询、更新查询和生成表查询

2. 在 Access 的 "查询" 特殊运算符 Like 中，可以用来通配任何单个字符的通配符是（　　　）。

    A. *   B. !

    C. &   D. ?

3. 以下关于查询的叙述正确的是（　　　）。

    A. 只能根据数据库表创建查询

    B. 只能根据已建查询创建查询

    C. 可以根据数据库表和已建查询创建查询

    D. 不能根据已建查询创建查询

4. 以下不属于操作查询的是（　　　）。

    A. 交叉表查询   B. 更新查询

    C. 删除查询   D. 生成表查询

5. 假设某数据表中有一个工作时间字段，查找 2010 年参加工作的职工记录的条件是（　　　）。

    A. Between#2010-01-01# And #2010-12-31#

    B. Between "2010-01-01" And "2010-12-31"

    C. Between "2010.01.01" And "2010.12.31"

    D. #2010.01.01# And #2010.12.31#

6. Access 支持的查询类型有（　　）。

　　A. 选择查询、交叉表查询、参数查询、SQL 查询和操作查询

　　B. 基本查询、选择查询、参数查询、SQL 查询和操作查询

　　C. 多表查询、单表查询、交叉表查询、参数查询和操作查询

　　D. 选择查询、统计查询、参数查询、SQL 查询和操作查询

7. 在查询设计视图中（　　）。

　　A. 只能添加数据库表　　　　　　　B. 可以添加数据库表，也可以添加查询

　　C. 只能添加查询　　　　　　　　　D. 以上说法都不对

8. 利用对话框提示用户输入参数的查询过程称为（　　）。

　　A. 选择查询　　　　　　　　　　　B. 参数查询

　　C. 操作查询　　　　　　　　　　　D. SQL 查询

9. 以下叙述中，正确的是（　　）。

　　A. 在数据较多、较复杂的情况下使用筛选比使用查询的效果好

　　B. 查询只从一个表中选择数据，而筛选可以从多个表中获取数据

　　C. 通过筛选形成的数据表，可以提供给查询、视图和打印使用

　　D. 查询可将结果保存起来，供下次使用

10. 以下叙述中，错误的是（　　）。

　　A. 查询是从数据库的表中筛选出符合条件的记录，构成一个新的数据集合

　　B. 查询的种类有：选择查询、参数查询、交叉查询、操作查询和 SQL 查询

　　C. 创建复杂的查询不能使用查询向导

　　D. 可以使用函数、逻辑运算符、关系运算符创建复杂的查询

11. Access 中查询日期型值需要用（　　）括起来。

　　A. 括号　　　　　　　　　　　　　B. 半角的井号（＃）

　　C. 双引号　　　　　　　　　　　　D. 单引号

12. 从一个或多个表中将一组记录添加到一个或多个表的尾部，应该使用（　　）。

　　A. 生成表查询　　　　　　　　　　B. 删除查询

　　C. 更新查询　　　　　　　　　　　D. 追加查询

13. 查询"设计视图"窗口分为上、下两部分，下部分为（　　）。

　　A. 设计网格　　　　　　　　　　　B. 查询记录

　　C. 属性窗口　　　　　　　　　　　D. 字段列表

14. 在查询"设计视图"窗口中，（　　）不是字段列表框中的选项。

　　A. 排序　　　　　　　　　　　　　B. 显示

　　C. 类型　　　　　　　　　　　　　D. 条件

15. 下列 SELECT 语句正确的是（　　）。

　　A. SELECT * FROM '学生信息' WHERE 姓名 ='曾圳梅'

　　B. SELECT * FROM '学生信息' WHERE 姓名 ＝曾圳梅

　　C. SELECT * FROM 学生信息 WHERE 姓名 ='曾圳梅'

　　D. SELECT * FROM 学生信息 WHERE 姓名 ＝曾圳梅

16. 在使用向导创建交叉表查询时，用户需要指定（　　）种字段。

    A. 1　　　　　　　　　　　　B. 2

    C. 3　　　　　　　　　　　　D. 4

17. 假设某数据库表中有一个姓名字段，查找姓周的记录的准则是（　　）。

    A. Not " 周 *"　　　　　　　　B. Like " 周 "

    C. Left（[姓名]，1）= " 周 "　　D. " 周 "

18. 向已有表中添加新字段或约束的 SQL 语句是（　　）。

    A. CREATE TABLE　　　　　　B. ALTER TABLE

    C. DROP　　　　　　　　　　D. CREATE INDEX

单元 5

创建"学生成绩管理系统"窗体

【情景故事】

> 小峰已经学会了使用表存储数据以及查询检索数据,对数据库的基本功能已经了解,接下来他打算进一步学习 Access 的窗体对象以实现数据库的交互功能,使用户能够在友好的图形界面下进行操作。

【单元说明】

窗体作为一个数据库和用户的交互界面,在数据库的设计中有着相当重要的作用。本单元主要介绍窗体的基础知识和创建窗体、编辑窗体、美化窗体的基本方法,着重介绍各种窗体控件的使用和设置方法。

【技能目标】

- 能自动创建窗体
- 能自动创建分割窗体
- 能自动创建多个项目窗体
- 会使用设计视图创建窗体
- 会利用向导创建窗体
- 会使用窗体控件
- 能设置窗体的基本属性
- 会创建切换面板

【知识目标】

- 了解窗体的基本组成和类型
- 掌握创建简单窗体的方法
- 掌握使用窗体设计视图创建窗体的方法
- 掌握常用窗体控件的使用

任务 5.1　自动创建窗体

【任务说明】

Access 2007 能够"智能"地收集和显示表中的数据信息,自动创建窗体。自动创建窗体的按钮有"窗体"、"分割窗体"和"多个项目",如图 5.1.1 所示。通过单击不同的按钮,Access 2007 就可以自动创建相应的窗体。

图 5.1.1　创建窗体的方法

【任务目标】

以"学生信息"表为数据源,自动创建窗体。

【实现步骤】

第 1 步:启动 Access 2007,打开"学生成绩管理系统"数据库,选中"学生信息"表,如图 5.1.2 所示。

第 2 步:单击"创建"选项卡上"窗体"组中的"窗体"按钮,自动创建如图 5.1.3 所示的窗体。

图 5.1.2　选择数据表

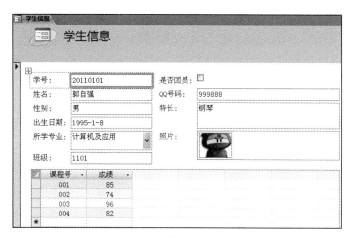

图 5.1.3　自动创建窗体

第 3 步:保存该窗体,并命名为"学生信息 1"。

【体验活动】

在"图书管理系统"中,以"读者信息"表为数据源,自动创建窗体,将窗体的宽度设置为 20 cm,修改主体节中背景色为"Access 主题 6"。

任务 5.2　自动创建分割窗体

【任务说明】

分割窗体是 Access 2007 中的新功能,它可以在窗体中同时提供数据表的两种视图:"窗体视图"和"数据表视图"。

【任务目标】

以"学生信息"表为数据源,自动创建分割窗体。

【实现步骤】

第 1 步:打开"学生成绩管理系统"数据库,选中"学生信息"表,单击"创建"选项卡上"窗体"组中的"分割窗体"按钮，自动创建分割窗体，如图 5.2.1 所示。

第 2 步：保存该窗体，并命名为"学生信息 2"。

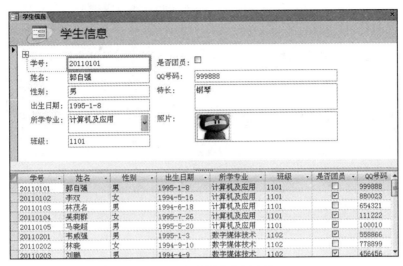

图 5.2.1　自动创建分割窗体

【体验活动】

在"图书管理系统"中，以"借还信息"表为数据源，自动创建分割窗体，修改标题为"学生借还信息"，选择"读者信息"表中的"姓名"字段添加到主体中。

任务 5.3　自动创建多个项目窗体

【任务说明】

自动创建的普通窗体，只能一次显示一条记录。如果需要一次显示多条记录，可以创建多个项目窗体。

使用多项目工具创建的窗体在结构上类似于数据表，数据排列成行、列的形式，一次可以查看多条记录。但是，多个项目窗体提供了比数据表更多的自定义选项，例如添加图形元素、按钮和其他控件。

【任务目标】

以"学生信息"表为数据源，自动创建多个项目窗体。

【实现步骤】

第 1 步：打开"学生成绩管理系统"数据库，选中"学生信息"表，单击"创建"选项卡上"窗体"组中的"多个项目"按钮，自动创建多个项目窗体，如图 5.3.1 所示。

第 2 步：保存该窗体，并命名为"学生信息 3"。

图 5.3.1 自动创建多个项目窗体

【体验活动】

在"图书管理系统"中，以"图书信息"表为数据源，自动创建多个项目窗体，修改窗体属性，选择"格式"选项卡，在"标题"中输入"图书信息"，"导航按钮"为"否"。

任务 5.4　使用设计视图创建窗体

【任务说明】

利用 Access 2007 自动创建窗体，虽然可以快速生成专业的窗体，但有时会与要求不尽相同。所以还需要掌握窗体的"设计视图"。在"设计视图"中，可以对自动创建的窗体进行修改或者完全自行设计窗体。现在我们就利用"设计视图"对"学生信息 1"窗体进行修改。

【任务目标】

利用窗体的"设计视图"，对自动创建的"学生信息 1"窗体进行属性设置。

【实现步骤】

第 1 步：打开"学生信息 1"窗体，右击选择"设计视图"命令，如图 5.4.1 所示。

第 2 步：进入窗体的"设计视图"，如图 5.4.2 所示。

图 5.4.1 视图类型

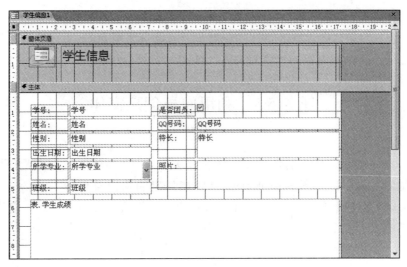

图 5.4.2 进入"设计视图"

第 3 步:在"设计视图"中可以对各个控件进行编辑。我们可以对各个控件进行重新布局、设定位置、调节大小等操作,也可以对显示的内容进行格式设置,甚至可以添加阴影。只要在选中的字段上右击,在弹出的快捷菜单中选择相应的命令即可,右键快捷菜单如图 5.4.3 和图 5.4.4 所示。

第 4 步:右击并选择"属性"命令,弹出"属性表"窗格。可以在"属性表"窗格中对窗体进行更加详细的设置,如图 5.4.5 所示。

第 5 步:除了可以对各个控件进行修改之外,还可以在窗体的不同部分进行编辑,如图 5.4.6 所示,实现对窗体的美化。

图 5.4.3 选择菜单　　图 5.4.4 确定位置　　　　图 5.4.5 属性表内容　　　　图 5.4.6 选择菜单

【体验活动】

在 "读者信息" 窗体中，修改窗体的标题为 "查阅读者信息"，去掉导航按钮，把字体设置为黑体、12 号，显示的内容的字体为宋体、11 号，背景为浅绿色。

任务 5.5　利用向导创建窗体

【任务说明】

Access 2007 还提供了一些其他建立窗体的方法，单击 "窗体" 组中的 "其他窗体" 按钮，如图 5.5.1 所示。可以在弹出的快捷菜单中利用 "窗体向导" 创建窗体，还可以创建 "数据表"、"模式对话框"、"数据透视表" 等不同的窗体。本任务将介绍利用 "窗体向导" 建立各种窗体的方法，利用 "窗体向导"，可以建立基于单表的窗体，也可以建立基于多个表的窗体。

【任务目标】

以 "学生信息" 表为数据源，利用窗体向导建立一个基于单表的窗体。

图 5.5.1　创建其他窗体

【实现步骤】

第 1 步：打开 "学生成绩管理系统" 数据库，选中 "学生信息" 表，单击 "创建" 选项卡上的 "窗体" 组中的 "其他窗体" 按钮，在弹出的快捷菜单中选择 "窗体向导" 命令。

第 2 步：系统将弹出 "窗体向导" 对话框，如图 5.5.2 所示。

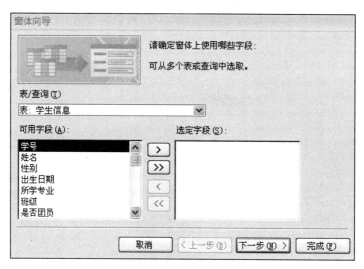

图 5.5.2　选取数据表

第 3 步：打开 "窗体向导" 对话框中的 "表 / 查询" 下拉列表框，可以看到该数据库的所有有效的表和查询数据源，这里选择 "表：学生信息" 作为该窗体的数据源，在 "可用字段" 列表框中列出了 "学生信息" 表中的所有可用字段。

第 4 步：在 "可用字段" 列表框中选择要显示的字段，单击 按钮将所选字段移动到

"选定字段"列表框中，或者直接单击 >> 按钮，选中所有字段。与此操作方法相同，也可以单击 < 或 << 按钮，将"选定字段"列表框中的字段移回到"可用字段"列表框中。

第 5 步：选择"学生信息"表中的所有字段，如图 5.5.3 所示。

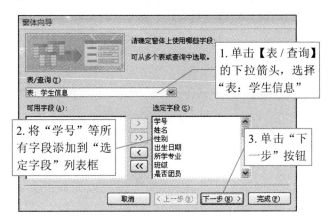

图 5.5.3　选定字段

第 6 步：单击"下一步"按钮，弹出选择窗体布局的对话框。在这里提供了 4 种布局方式："纵栏表"、"表格"、"数据表"和"两端对齐"方式。选择"纵栏表"布局，如图 5.5.4 所示。

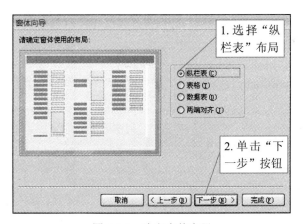

图 5.5.4　确定窗体布局

第 7 步：单击"下一步"按钮，弹出如图 5.5.5 所示的对话框，要求选择窗体的样式。列表中提供了几十种样式可供选择。单击任意样式可以在窗体左侧进行预览。这里选择"Access 2007"样式。

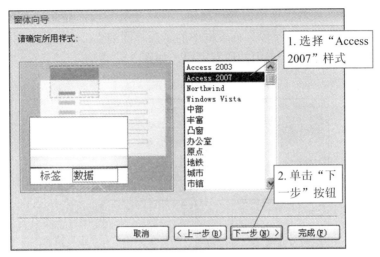

图 5.5.5　确定窗体样式

第8步：单击"下一步"按钮，弹出为窗体定义标题的对话框。输入窗体标题为"学生信息4"。然后选中"打开窗体查看或输入信息"单选按钮，如图5.5.6所示。

第9步：单击"完成"按钮，即可完成此窗体的创建。创建的窗体效果如图5.5.7所示。

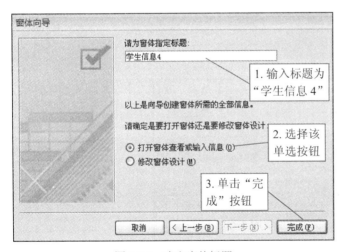

图 5.5.6　确定窗体标题

图 5.5.7　利用窗体向导创建窗体

【知识宝库】

一个 Access 窗体主要由"窗体页眉"、"窗体页脚"、"主体"和"页面页眉"、"页面页脚"5个节组成，如图5.5.8所示。"窗体页眉"和"窗体页脚"分别显示在窗体的顶部和底部，"主体"显示在窗体的中间位置，"页面页眉"和"页面页脚"分别显示在主体的上部和下部。每个节中包含很多控件，这些控件主要用于显示数据、执行操作、美化窗体等。

1. 窗体页眉

"窗体页眉"位于窗体的上方，常用来显示窗体的名称、提示信息或放置命令按钮。打印时该节的内容只会打印在第一页。通过"排列"菜单中的"显示/隐藏"命令可切换是否显示"窗体页眉/页脚"节。

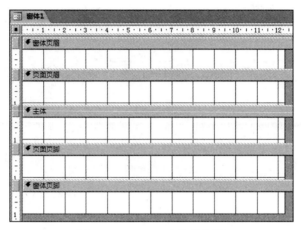

图 5.5.8 Access 窗体结构图

2. 页面页眉

"页面页眉"的内容在打印时才会出现，而且会打印在每一页的顶端，可用来显示每一页的标题、字段名等信息。通过"排列"菜单中的"显示/隐藏"命令可切换是否显示"页面页眉/页脚"节。

3. 主体

"主体"是设置数据的主要区域，每个窗体都必须有一个"主体"节，主要用来显示表或查询中的字段、记录等信息，也可以设置其他一些控件。

4. 页面页脚

"页面页脚"与"页面页眉"前后对应，该节的内容只会出现在打印时每一页的底端，通常用来显示页码、日期等信息。

5. 窗体页脚

"窗体页脚"与"窗体页眉"相对应，位于窗体的最底端，一般用来汇总"主体"节的数据。例如，总数量、总金额、费用等，也可以设置命令按钮、提示信息等。

每个节都有一个默认的高度，在添加控件时，可以调整节的高度。具体操作方法是将鼠标指针指在两个节中间的分隔线上，当指针变成 ✥ 时，按住左键上下拖动至适当位置即可。

窗体中的节都有自己的属性，如高度、颜色、背景颜色、特殊效果或者打印设置等。设置节的属性时，双击窗体设计视图中的节（如"主体"），显示如图 5.5.9 所示的节属性窗口。

图 5.5.9 窗体属性

【体验活动】

打开"图书管理系统"，建立基于多表的"图书管理信息"窗体，在这个窗体中可以查看包括借书证号、姓名、已借数量、书名、编者、出版社、借书日期、应还日期和是否已还的情况。"通过读者信息"的数据查看方式创建带有子窗体的窗体,选取"表格"为子窗体布局,"办公室"为主窗体样式,并将主窗体标题命名为"图书管理信息",将子窗体标题命名为"借还信息"。

设置窗体的标题字体为方正姚体,居中对齐,窗体页眉填充背景色为"系统菜单突出显示"。

任务 5.6　使用标题和标签控件

【任务说明】

如果想在窗体的"设计视图"中创建属于自己的窗体,就需要掌握窗体的基本构成元素——控件。窗体是由窗体主体和各种控件组合而成的,在窗体的"设计视图"中,可以对这些控件进行创建,并设置其各种属性,创建出功能强大的窗体。

控件就是各种用于显示、修改数据,执行操作和修饰窗体的各种对象,它是构成用户界面的主要元素。在窗体的"设计视图"中,可以看到窗体各种类型的控件,如图 5.6.1 所示。其中标签控件用于在窗体、报表中显示一些描述性的文本,例如标题或者说明等。

图 5.6.1　控件的类型

【任务目标】

在"学生成绩管理系统"数据库中为"学生信息 1"窗体修改标题,并添加标签控件。

【实现步骤】

第 1 步:打开"学生成绩管理系统"数据库,在左边的导航窗格中右击"学生信息 1"窗体,如图 5.6.2 所示。

图 5.6.2　右击"学生信息 1"窗体

第 2 步：从弹出的菜单中选择"设计视图"命令，进入窗体的"设计视图"，如图 5.6.3 所示。

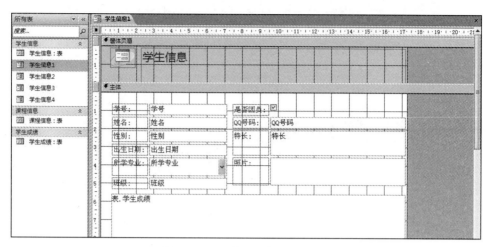

图 5.6.3 在设计视图下进行编辑

第 3 步：在"窗体页眉"中修改标题"学生信息"为"学生信息管理系统"，并设置标题的格式如图 5.6.4 所示。

第 4 步：单击"控件"组中的"标签"按钮，在"窗体页眉"区域中按下鼠标左键，拖动鼠标绘制一个方框，放开鼠标，在该方框中输入文本"第 1 版"，设置文本格式如图 5.6.5 所示。

图 5.6.4 修改标题

图 5.6.5 插入标签

第 5 步：设置窗体其余各个字段名称的字号、字体和颜色，最终设置效果如图 5.6.6 所示。

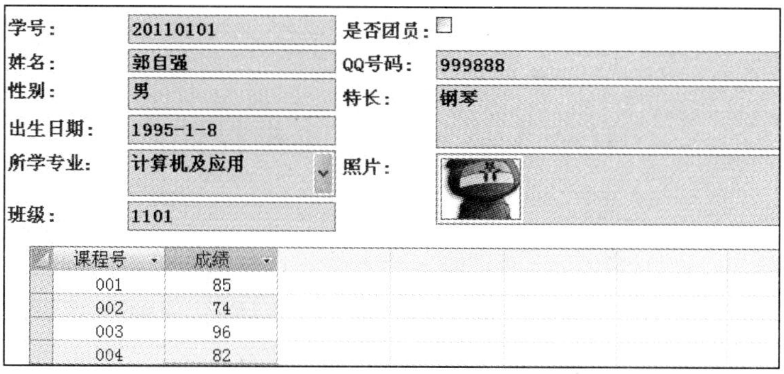

图 5.6.6 窗体主体效果图

第 6 步：完成整个标签控件的创建和设置，设置的最终效果如图 5.6.7 所示。

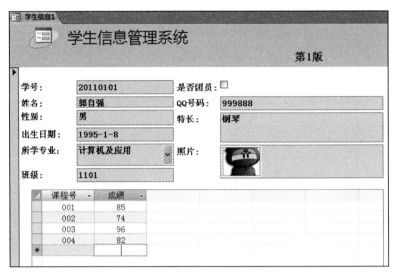

图 5.6.7　窗体效果图

【知识宝库】

Access 中的控件根据数据来源及属性不同，可以分为绑定型控件、非绑定型控件和计算控件 3 种类型。

绑定型控件与表或查询中的字段相连，可用来输入、显示或更新数据表中的字段内容。当把一个数值输入给一个绑定型控件时，系统会自动更新对应表中记录字段的内容。

非绑定型控件没有数据来源，主要用于显示控件信息、线条及图像等，它不会修改数据表中记录字段的内容，如标签、图片等。

计算控件用于显示数值类型数据的汇总或平均值，其来源是表达式而不是字段值，Access只是将运算后的结果显示在窗体中。例如，计算各单位发放工资的总金额。

【体验活动】

打开 "图书管理系统"，在设计视图下建立窗体，插入 "标签" 控件，输入 "图书管理系统"，并设置标签的格式，大小正好容纳，字体为华文行楷，字号大小为 30，颜色为深蓝色，背景色是浅灰色，命名为启动窗体。

任务 5.7　使用文本框控件

【任务说明】

文本框控件用于显示数据也可让用户输入或者编辑信息，它是最常用的控件。文本框既可以是绑定型和非绑定型的，也可以是计算型的。如果文本框用于显示某个表或者查询的数据源记录，那么文本框是绑定型的；如果用于接受用户输入或者显示计算结果等，那么该文本框是非绑定型的，非绑定型文本框中的数据将不被保存。

【任务目标】

在"学生信息 1"窗体中添加系统日期。

【实现步骤】

第 1 步：打开"学生成绩管理系统"数据库，在左边的导航窗格中右击"学生信息 1"窗体，从弹出的菜单中选择"设计视图"命令，进入窗体的"设计视图"，单击"控件"组中的"文本框"按钮，如图 5.7.1 所示。

图 5.7.1 选择文本框控件

第 2 步：将鼠标指针定位在"窗体页眉"右侧，然后单击显示效果如图 5.7.2 所示。

图 5.7.2 插入文本框

第 3 步：系统自动弹出"文本框向导"对话框，如图 5.7.3 所示。

第 4 步：设置该文本框的字体、字号、对齐方式等各种属性，单击"下一步"按钮，弹出设置"输入法模式"对话框，如图 5.7.4 所示。

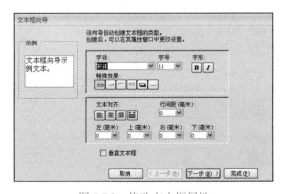

图 5.7.3 修改文本框属性

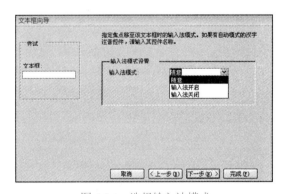

图 5.7.4 选择输入法模式

第 5 步：单击"下一步"按钮，输入该文本框的名称为"日期"，如图 5.7.5 所示。

第 6 步：单击"完成"按钮，完成创建，如图 5.7.6 所示。

第 7 步：调整非绑定型文本框及附加标签的位置及大小，然后在"未绑定"文本框中输入日期表达式"=date（）"，如图 5.7.7 所示。

图 5.7.5 输入文本框名称

图 5.7.6 完成文本框的设置

图 5.7.7 输入文本框内容

第 8 步：完成添加系统日期，整体效果如图 5.7.8 所示。

图 5.7.8 插入文本框的效果图

【综合练习】

在"图书管理系统"的"图书管理信息"窗体中，将主体节区中"已借数量"标签下面的文本框显示内容设置为"联系电话"字段值，并将该文本框名称更名"Label4"。

任务 5.8 使用列表框和组合框

【任务说明】

列表框控件像下拉式菜单一样在屏幕上显示一列数据，调整列表框的大小即可显示更多或者更少的记录，它一般是以选单的形式出现，如果选项过多，则会在列表框的右侧出现滚动条，而组合框最初显示成一个带有箭头的单独的行，即所谓的下拉列表框。使用列表框或组合框可以保证输入数据的正确性，同时还可以提高数据的输入速度。如图 5.8.1 所示的"班级"和"所学专业"分别是列表框和组合框。

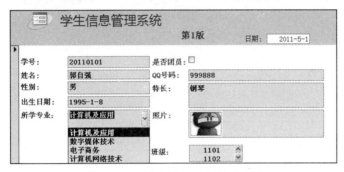

图 5.8.1 列表框和组合框的效果图

【任务目标】

利用列表框控件和组合框控件在数据库中创建一个"列表框和组合框控件示例"窗体。

【实现步骤】

第 1 步：打开数据库，新建一个"列表框和组合框控件示例"空白窗体，并进入窗体的"设计视图"，如图 5.8.2 所示。

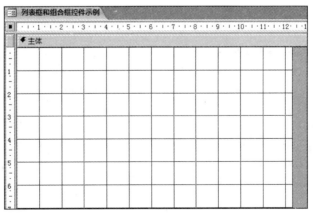

图 5.8.2 打开设计视图

第 2 步：单击"控件"组中的"列表框控件"按钮，并在窗体"主体"区域中单击，弹出"列表框向导"对话框，如图 5.8.3 和图 5.8.4 所示。选中"使用列表框查阅表或查询中的值"单选按钮，将表中的记录作为选项。

图 5.8.3 选择列表框控件

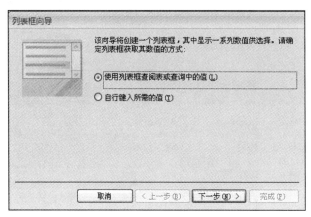

图 5.8.4 使用列表框查阅表

第 3 步：单击 "下一步" 按钮，弹出选择表来源的对话框，如图 5.8.5 所示。选择 "表：学生信息" 作为提供数据的表。

第 4 步：单击 "下一步" 按钮，弹出选择字段列表的对话框，如图 5.8.6 所示。选择 "姓名" 字段中的值，作为列表框中选项的数据来源。

图 5.8.5 选择学生信息表

图 5.8.6 选定字段

第 5 步：单击 "下一步" 按钮，选择数据的排序方式，如图 5.8.7 所示。

第 6 步：单击 "下一步" 按钮，在弹出的对话框中调整列的宽度，如图 5.8.8 所示。

第 7 步：单击 "下一步" 按钮，输入该列表框的标签为 "请选择姓名："，如图 5.8.9 所示。

第 8 步：单击 "完成" 按钮，完成该列表框的创建。创建的效果如图 5.8.10 所示。

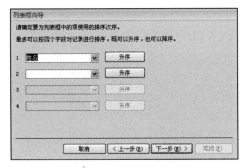

图 5.8.7 对字段进行排序

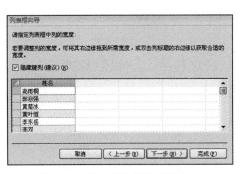

图 5.8.8 指定列表框中列的宽度

图 5.8.9 输入列表框的标题

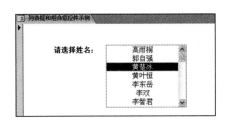

图 5.8.10 列表框的创建

第 9 步：单击"控件"组中的"组合框控件"按钮，在窗体的"主体"区域单击，则可以弹出"组合框向导"对话框。该对话框和"列表框向导"内容集合完全一样，在完成后的最终效果如图 5.8.11 所示。

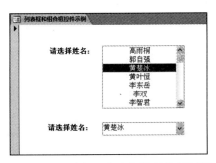

图 5.8.11 列表框和组合框控件的示例图

任务 5.9 使用命令按钮

【任务说明】

命令按钮主要用来控制应用程序的流程或者执行某个操作。例如，打开另一个窗体、打开相关的报表、启动其他程序等。使用"命令按钮向导"可以创建不同类型的命令按钮。

【任务目标】

建立一个基于多表的"学生综合信息"窗体,在该窗体中加入"文件首"、"向前"、"向后"、"文件尾"、"退出"按钮。

【实现步骤】

第1步:打开"学生成绩管理系统"数据库,单击"创建"选项卡上的"窗体"组中的"其他窗体"按钮,在弹出的菜单中选择"窗体向导"命令。

第2步:在弹出的"窗体向导"对话框中单击"表/查询"下拉列表框中的下拉按钮,选择"表:学生信息"作为该窗体的一个数据源,单击 按钮将所有字段移到"选定字段"列表框中,如图5.9.1所示。

第3步:重新选择"表:课程信息"作为另一个数据源,单击 按钮将所选字段移到"选定字段"列表框中,如图5.9.2所示。

图 5.9.1 选择学生信息表中的字段

图 5.9.2 选择课程信息表中的字段

第4步:同理,将"表:学生成绩"中的字段"成绩"移到"选定字段"列表框中,单击"下一步"按钮,弹出选择数据查看方式的对话框。由于数据来源于3个表,因此有"通过课程信息"、"通过学生成绩"和"通过学生信息"三种查看方式。选择"通过学生信息"方式查看,如图5.9.3所示。

第5步:单击"下一步"按钮,弹出选择布局的对话框,再选择显示样式,这里分别选择"数据表布局"和"办公室"样式。

第6步:单击"下一步"按钮,输入窗体的标题为"学生综合信息",如图5.9.4所示。

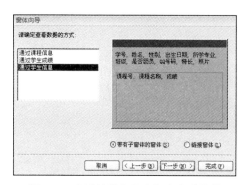

图 5.9.3 "通过学生信息"表查看数据

图 5.9.4 确定窗体的标题

第 7 步：单击"完成"按钮完成创建，完成的窗体如图 5.9.5 所示。

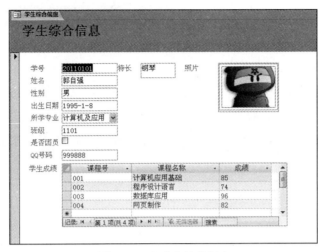

图 5.9.5　完成窗体的创建

第 8 步：继续进入窗体的"设计视图"，单击"控件"组中的"按钮控件"按钮，并在窗体页脚区域中单击，弹出"命令按钮向导"对话框，如图 5.9.6 所示。

第 9 步：在"类别"列表框中选择"记录导航"选项，然后在右边的"操作"列表框中选择"转至第一项记录"选项。

第 10 步：单击"下一步"按钮，在弹出的对话框中设置命令按钮的文本或图片，选择文本并输入"文件首"，如图 5.9.7 所示。

图 5.9.6　选择命令按钮控件

图 5.9.7　确定命令按钮是显示文本

第 11 步：单击"下一步"按钮，不改变默认的按钮名称，直接单击"完成"按钮，完成该命令按钮的创建，如图 5.9.8 所示。

第 12 步：用相同的操作向导，为该窗体添加"向前"、"向后"、"文件尾"和"退出"按钮，最终完成后的效果如图 5.9.9 所示。

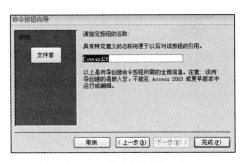

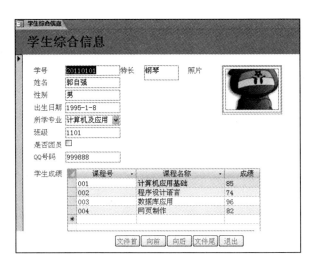

图 5.9.8　指定按钮的名称　　　　图 5.9.9　加入命令按钮后的窗体效果图

【知识宝库】

在窗体上添加控件后，有时需要对窗体上的各个控件进行适当的调整和修饰，从而达到美化窗体的目的。如调整控件的大小、改变控件的位置、设置字体和颜色等。

1. 调整控件大小

在调整窗体控件大小之前，必须先选择要调整的控件，可以用下列方法选择控件。

① 单一控件：在窗体设计视图中，单击控件的任意位置即可选择该控件，这时在该控件周围出现 8 个控点，可以上、下、左、右调整控件大小。

② 多个控件：如果要同时选择两个以上的多个控件，在按下 Shift 键后依次单击要选择的控件。

调整控件大小可以通过鼠标拖动、菜单方式和控件属性来实现。

① 使用鼠标调整控件大小时，将鼠标指针置于控制点上，当指针变为双向箭头时，拖动鼠标即可改变对象的大小。拖动鼠标的方法可能不够精细，这时可以按下 Shift 键并使用键盘的方向箭头键。

② 使用菜单方式则是选中控件后右击弹出快捷菜单，选择 "大小" 选项，如图 5.9.10 所示，可以调整控件的大小。

③ 通过设置控件属性的 "宽度" 和 "高度" 来调整控件，特别适用于对控件进行微调。

2. 对齐控件

在窗体中添加多个控件后，往往需要使控件排列整齐。控件对齐的方式有上对齐、下对齐、左对齐和右对齐。手工设置往往不够准确，这里来介绍通过 "对齐" 菜单来设置的方法。

首先选择要对齐的多个控件，再右击，弹出快捷菜单，选择 "对齐" 命令，如图 5.9.11 所示，选择一种对齐方式，使所选对象向所需方向对齐。

图 5.9.10 控件大小的设置

图 5.9.11 控件位置的设置

【体验活动】

打开"图书管理系统",在"图书管理信息"窗体中,将窗体页脚高度设置为 1.616 cm,在距窗体页脚左边 5.501 cm、距上边 0.4 cm 放置第一个命令按钮"新增",命令按钮的宽度为 2 cm,另外还添加其他命令按钮包括"删除"、"保存"和"关闭"等。

任务 5.10 使用图像控件

【任务说明】

利用图像控件,可以在窗体中插入图片,以显示必要的信息或者美化窗体。

【任务目标】

为了使设计的窗体美观有特色,将"学生综合信息"窗体添加一个背景图片。

【实现步骤】

第 1 步:打开"学生综合信息"窗体的"设计视图",单击"控件"组中的"图像"按钮,如图 5.10.1 所示。

图 5.10.1 选择图像控件

第 2 步:在窗体"主体"上拖动鼠标调整要放置图片的大小和位置,出现"插入图片"对话框,选择图片所在的位置,如图 5.10.2 所示。

第 3 步:调整图片的属性,选中图片控件,按右键选择"属性"命令,设置图片"缩放模式"为"拉伸",如图 5.10.3 所示。

第 4 步:此时图片覆盖在窗体字段上,选中图片控件,按右键选择"位置"置于底层,使背景在其他控件的下方,如图 5.10.4 和图 5.10.5 所示。

第 5 步:调整控件的位置及窗体的位置,选择"窗体视图"查看结果,效果如图 5.10.6 所示。

图 5.10.2　选择插入的图片

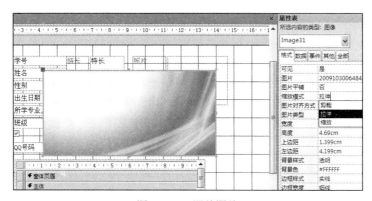

图 5.10.3　调整图片

图 5.10.4　修改图片位置

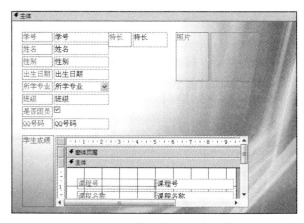

图 5.10.5　图片置于底层的效果

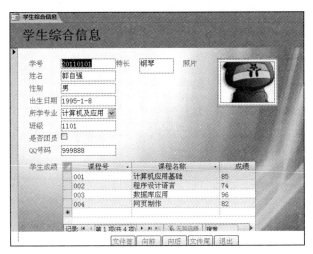

图 5.10.6 插入图片后的窗体

任务 5.11　创建切换面板

【任务说明】

可以使用切换面板管理器创建一个良好的应用系统集成环境，将各种数据库对象组织起来。

【任务目标】

创建一个主切换面板可以打开"学生综合信息"窗体。

【实现步骤】

第 1 步：打开"学生成绩管理系统"数据库，单击"数据库工具"选项卡上"数据库工具"组中的"切换面板管理器"按钮，如图 5.11.1 所示。

第 2 步：如果是第一次创建切换面板，系统会出现提示信息对话框，询问是否要创建切换面板，如图 5.11.2 所示。

图 5.11.1　选择切换面板管理器

图 5.11.2　创建一个切换面板

第 3 步：单击"是"按钮，出现如图 5.11.3 所示的"切换面板管理器"对话框。

第 4 步：在"切换面板管理器"对话框中选择"主切换面板（默认）"，单击"编辑"按钮，打开"编辑切换面板页"，如图 5.11.4 所示。

第 5 步：切换面板名为"主切换面板"，单击"新建"按钮，如图 5.11.5 所示。在"编辑切换面板项目"对话框的"文本"文本框中输入"查阅学生信息"，然后单击"命令"下拉列表框中的"在'编辑'模式下打开窗体"命令,在"窗体"下拉列表框中选中"学生综合信息"窗体,如图 5.11.6 所示。

图 5.11.3 选择"主切换面板"进行编辑

图 5.11.4 在主切换面板下新建项目

图 5.11.5 编辑切换面板项目

图 5.11.6 创建查阅学生信息面板

第 6 步:单击"确定"按钮,关闭所有的按钮,"主切换面板"建立完成。效果如图 5.11.7 和图 5.11.8 所示。如果创建的切换面板不够美观,还可以在切换面板窗体的"设计视图"中对切换面板进行美化。

图 5.11.7 切换面板的创建

图 5.11.8 主切换面板的效果图

【体验活动】

创建一个"图书信息切换面板",可以查阅读者信息和借还信息,可以直接退出数据库,并插入图片。

习　题

一、填空题

1. 窗体中的数据主要来源于_____和_____。

2. 创建窗体可以使用_____和使用_____两种方式。

3. 窗体中的窗体称为_____,其中可以创建为_____式或数据表窗体。

4. 窗体由多个部分组成,每个部分称为一个_____,大部分的窗体只有_____。

5. 对象的_____描述了对象的状态和特性。

6. 在创建主/子窗体之前，必须设置_____之间的关系。

7. 窗体是数据库中用户和应用程序之间的主要界面，用户对数据库的_____都可以通过窗体来完成。

8. _____一般显示对所有记录都要显示的内容、使用命令的操作说明等，也可设置命令按钮。

二、选择题

1. 下列不属于 Access 窗体的视图是_____。
    A. 设计视图
    B. 窗体视图
    C. 版面试图
    D. 数据表视图

2. 下列用于创建窗体或修改窗体的是_____。
    A. 设计视图
    B. 窗体视图
    C. 数据表视图
    D. 透视表视图

3. "特殊效果"属性值用于设定控件的显示特效，下列属于"特殊效果"属性值的是_____。
    ①"平面"、②"颜色"、③"凸起"、④"蚀刻"、⑤"透明"、⑥"阴影"、⑦"凹陷"、⑧"凿痕"、⑨"倾斜"
    A. ①②③④⑤⑥
    B. ①③④⑤⑥⑦
    C. ①④⑥⑦⑧⑨
    D. ①③④⑥⑦⑧

4. 窗体是 Access 数据库中的一个对象，通过窗体用户可以完成下列_____功能。
    ①输入数据　②编辑数据　③存储数据　④以行、列形式显示数据　⑤显示和查询表中的数据　⑥导出数据
    A. ①②③
    B. ①②④
    C. ①②⑤
    D. ①②⑥

5. 以下不是控件的类型的是_____。
    A. 结合型
    B. 非结合型
    C. 计算型
    D. 非计算型

6. 新建一个窗体，默认的标题为"窗体1"，为把窗体标题改为"输入数据"，应设置窗体的_____属性。
    A. 名称
    B. 菜单栏
    C. 标题
    D. 工具栏

7. 在窗体中，用来输入或编辑字段数据的交互控件是_____。
    A. 文本框控件
    B. 标签控件
    C. 复选框控件
    D. 列表框控件

8. 要改变窗体中文本框控件的数据源，应设置的属性是_____。
    A. 记录源
    B. 控件来源
    C. 筛选查询
    D. 默认值

9. 下列不属于控件格式属性的是_____。

A. 标题   B. 正文

C. 字体大小   D. 字体粗细

10. 若要求在文本框中输入文本时达到密码 "*" 号的效果，应设置的属性是_____。

A. 默认值   B. 标题

C. 密码   D. 输入掩码

11. 窗体中可以包含一列或几列数据，用户只能从列表中选择值，而不能输入新值的控件是_____。

A. 列表框   B. 组合框

C. 列表框和组合框   D. 以上两者都不可以

12. 当窗体中的内容太多而无法放在一页中全部显示时，可以用_____控件来分页。

A. 选项卡   B. 命令按钮

C. 组合框   D. 选项组

单元 6

创建"学生成绩管理系统"报表

【情景故事】

　　窗体的知识小峰已经掌握得很好了，但有时需要将资料打印成窗体的效果却不是很好。报表是专门为打印而设计的特殊窗体，Access 2007中使用报表对象来实现打印格式数据功能，将数据库中的表、查询的数据进行组合，形成报表，还可以在报表中添加多级汇总、统计比较、图片和图表等。本单元将介绍与报表设计相关的知识。

【单元说明】

　　报表呈现了数据的自定义视图。在屏幕上可以查看报表的输出结果，也可以打印出来作为一份硬副本。报表提供了数据库中所包含的信息汇总。数据可以进行分组，或者按照任何顺序进行排序，并且可以创建一些计算数字之和、平均值或其他统计信息的汇总信息。报表中可以包含图片和其他图像，以及备注字段。

【技能目标】

- 会创建空白报表和标签报表
- 会使用"报表向导"创建报表
- 会使用"设计视图"创建报表
- 掌握对数据进行排序和分组的方法
- 能够向报表中添加标签和文本等控件
- 熟练设计文本和标签等控件的外观
- 掌握主／次表、交叉报表等高级报表的创建
- 掌握报表的打印设置

【知识目标】

- 理解 Access 报表的不同类型
- 了解报表和窗体的差异
- 理解构建报表的过程

任务 6.1　创建空白报表

【任务说明】

　　刚开始接触报表，小峰对报表的知识充满好奇。报表的创建方法和创建表、窗体一样，通

过直接拖动数据表字段，可以快捷地创建一个功能完备的报表。于是小峰从创建空白报表开始学习。

【任务目标】

利用空白报表创建"课程信息"报表。

【实现步骤】

第1步：单击"创建"选项卡上"报表"组中的▯（空报表）按钮，弹出一个空白报表，并在屏幕右边自动显示"字段列表"窗格，如图6.1.1和图6.1.2所示。

图6.1.1 空白报表

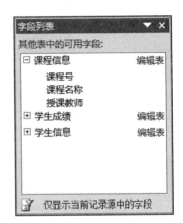

图6.1.2 "字段列表"窗格

第2步：在"字段列表"窗格中单击"课程信息"表前的"+"号，展开其字段列表，分别选中"课程号"、"课程名称"、"授课教师"等字段，将其拖动到报表中。在"报表布局工具"的"格式"选项卡下单击"控件"组中▯（标题）按钮，设置该报表的标题为"课程信息报表"。最后，在"自动套用格式"组中选择"Office"样式，如图6.1.3和图6.1.4所示。

第3步：切换到报表视图，如图6.1.5所示。

第4步：保存报表，如图6.1.6所示。

图6.1.3 自动套用"Office"样式

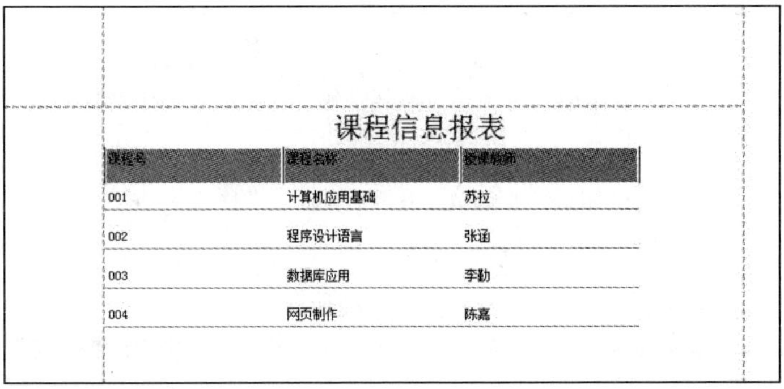

图 6.1.4　课程信息报表

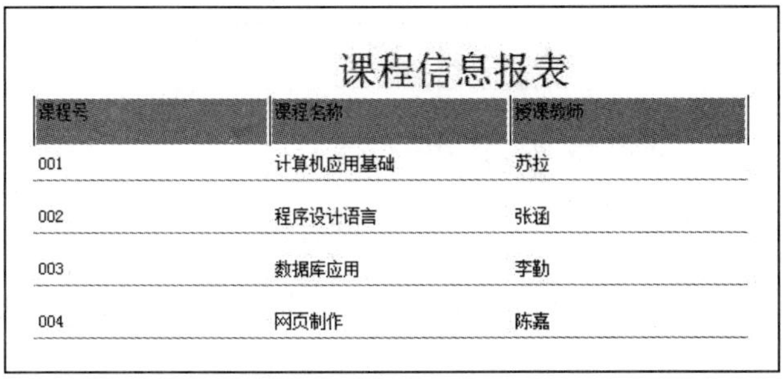

图 6.1.5　报表视图

图 6.1.6　"另存为"对话框

【体验活动】

打开"图书管理系统"数据库：

（1）以"读者信息"表为数据源，利用空白报表建立"读者信息"报表。

（2）进入布局视图，用标题控件添加报表标题为"读者信息"，设置字体为黑体，黑色，18 号；给其他数据添加垂直和水平网格线，线条颜色为深蓝色，宽度 2 磅 (提示："格式"选项卡下"网络线"组的"网格线"下拉选项中选择"垂直和水平"，即可给单元格数据添加网格线)；在"性别"列，设置条件格式，若单元格为"女"则加粗显示（提示：单击"格式"选项卡下"字体"组中的"条件"按钮，即可弹出"设置条件格式"对话框）。

【知识宝库】

创建新报表：

（1）选择记录源。

（2）选择报表工具。

（3）创建报表。

报表工具参见表 6.1.1。

表 6.1.1 报 表 工 具

按钮图像	工具	说明
	报表	创建简单的表格式报表，其中包含在导航窗格中选择的记录源中的所有字段
	空白报表	在布局视图中打开一个空白报表，并显示出字段列表任务窗格。将字段从字段列表拖到报表中时，Access 将创建一个嵌套式查询并将其存储在报表的记录源属性中
	标签	显示一个向导，允许用户选择标准或自定义的标签大小、用户要显示哪些字段以及这些字段采用的排序方式。该向导将基于用户所做的选择创建报表
	报表向导	显示一个多步骤向导，允许用户指定字段、分组／排序级别和布局选项。该向导将基于用户所做的选择创建报表
	报表设计	在设计视图中打开一个空白报表，用户可在该报表中只添加所需的字段和控件

任务 6.2 创建标签报表

【任务说明】

标签报表是创建打印标签的报表。标签主要作用是可以把一张大的打印纸切割成很多小部分。每一部分都各自打印出你所规定的相同或者相似的内容。单击标签工具将打开标签向导，根据向导提示可以创建各种标准大小的标签。一页往往能显示和打印多个标签报表。

【任务目标】

以"学生信息"表为数据源，使用标签向导创建"学生信息标签"报表。

【实现步骤】

第1步：选中导航窗格的"学生信息"表，再单击"创建"选项卡上"报表"组中的 （标签）按钮，弹出"标签向导"对话框，如图 6.2.1 所示。

第2步：在弹出的对话框中设置文本的字体和颜色，按照默认设置指定标签尺寸、度量单位和标签类型，如图 6.2.2 所示。

图 6.2.1 "标签向导"对话框

图 6.2.2 选择文本的字体和颜色

第3步：在弹出的对话框中，从"可用字段"列表框中选择需要的字段添加到右边，也可以直接在原型上输入所需的文本，如图 6.2.3 所示。

小贴士

在原型标签上输入学号：|学号|，然后按空格键添加若干个空格，输入第 2 栏文本姓名：|姓名|，接着按回车键换行输入第 2 行文本内容。

第4步：选择"学号"字段作为标签报表的排序依据字段，如图 6.2.4 所示。

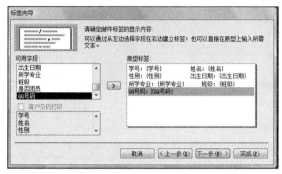

图 6.2.3　确定邮件标签的显示内容

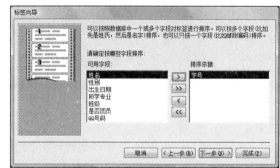

图 6.2.4　确定排序字段

第5步：将报表命名为"学生信息标签报表"，选择"修改标签设计"，单击"完成"按钮，进入标签设计视图，如图 6.2.5 所示。

第6步：在报表设计工具的"设计"选项卡上，选择"控件"组中的＼直线控件工具，在"主体"节标签右侧绘制一条直线，并设置直线的线型粗细等属性，如图 6.2.6 所示。

第7步：切换到报表的打印预览视图，如图 6.2.7 所示。

图 6.2.5　给报表命名

图 6.2.6　绘制设置直线

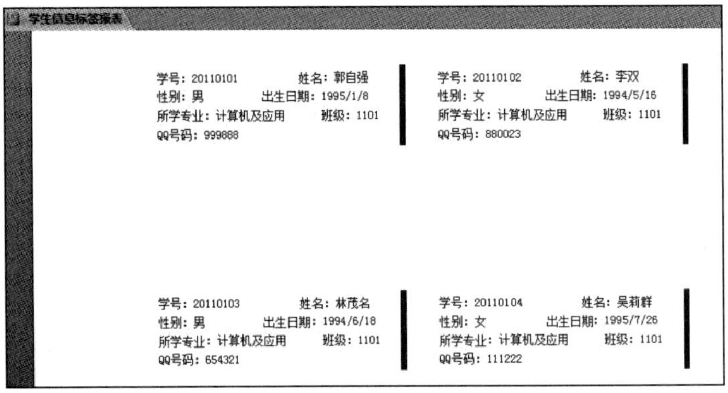

图 6.2.7 打印预览视图

【体验活动】

打开"图书管理系统"数据库：

（1）以"图书信息"表为数据源，创建"图书信息"标签报表，要求显示"书号"、"书名"、"编者"、"出版社"和"出版日期"字段的名称及内容，"书号"字段作为排序依据。

（2）切换到该报表的打印预览视图，修改页面布局，设置页边距类型为"宽"边距。

【知识宝库】

在 Access 中，标签的创建类似于创建页面尺寸较小、只需容纳所需标签的报表。标签最常用于邮件，不过任何 Access 数据都可以打印成标签的形式。在邮件标签中，报表从包含地址的表或查询中获取地址。打印报表即可获得基础记录源中每个地址的单个标签。如果对生成的标签不满意，可以通过在设计视图中打开报表并进行更改来自定义标签的布局。因为视图可以更加精确地控制布局。若要查看在设计视图中所做更改的效果，可切换到打印预览。打印标签的方法如下：

（1）在任意视图中打开报表（或在导航窗格中选择报表）。

（2）单击"Office"按钮，然后单击"打印"按钮，弹出"打印"对话框。

（3）在"打印"对话框中可进行各种设置，例如打印机、打印范围和份数等。

（4）单击"确定"按钮。

任务 6.3 使用报表向导创建"学生信息"报表

【任务说明】

使用报表向导来创建报表不仅可以选择报表上显示哪些字段，还可以指定数据的分组和排序方式。并且，如果事先指定了表与查询之间的关系，那么还可以使用来自多个表或查询的字段进行创建。就像"窗体向导"一样，"报表向导"显示了报表的基本布局，之后再自定义该报表的布局。

【任务目标】

以"学生信息"表作为数据源，创建以"是否团员"和"班级"字段作为分组依据的报表。

【实现步骤】

第 1 步：切换到 Access 数据库的 "创建" 选项卡，单击 "报表" 组中的 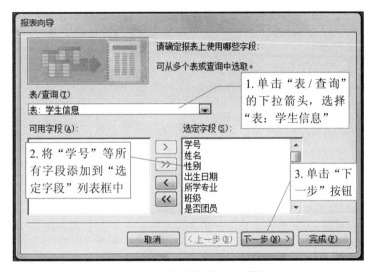 (报表向导) 按钮，弹出 "报表向导" 对话框，选择数据源为 "学生信息表"，单击 "下一步" 按钮，如图 6.3.1 所示。

图 6.3.1 "报表向导" 对话框

第 2 步：在弹出的 "是否添加分组级别" 对话框中编辑分组和级别。单击 ▶ 按钮可以将左边列表字段添加到右边的级别列表中，单击 ◀ 按钮可以将级别列表字段移除，单击 ▲ 或 ▼ 按钮可以调整字段间的级别，操作步骤如图 6.3.2 所示。

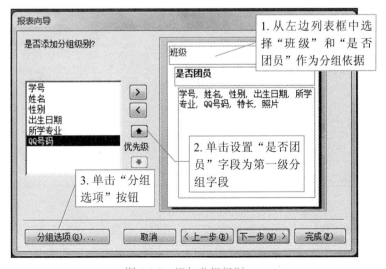

图 6.3.2 添加分组级别

第3步：在弹出的"分组间隔"对话框中"组级字段"是上一步添加的级别字段，选择"分组间隔"下拉列表框中的选项可以设置各个级别字段间的相对位置，操作步骤如图6.3.3所示。

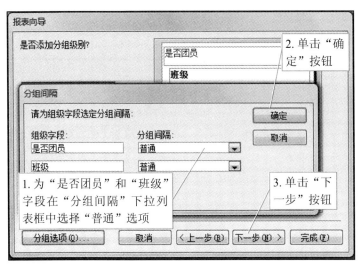

图 6.3.3　设置分组间隔

第4步：在弹出的"排序"对话框中可以设置报表数据的输出顺序，这里设置排序的第一优先字段为"学号"，且升序排序。这样学生信息报表的数据将根据"是否团员"被分成两组，然后在不同班级中按照学号递增排序，操作步骤如图6.3.4所示。

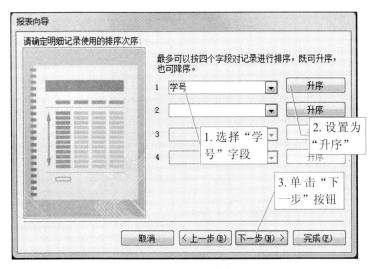

图 6.3.4　确定排序字段

第5步：弹出"请确定报表的布局方式"对话框，在此对话框中可以预览报表的结构。选择合适的"布局"和"方向"后，勾选"调整字段宽度使所有字段都能显示在一页中"复选框，如图6.3.5所示，单击"下一步"按钮。

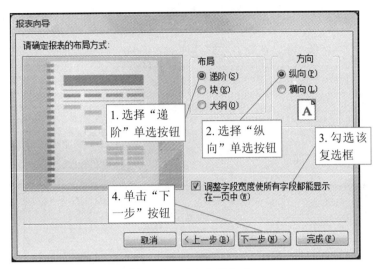

图 6.3.5　确定布局方式

第 6 步：在 "请确定所用样式" 对话框中选择一个样式，然后单击 "下一步" 按钮，如图 6.3.6 所示。

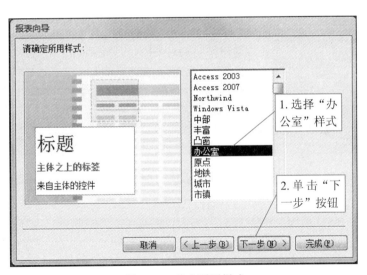

图 6.3.6　确定所用样式

第 7 步：在弹出的 "请为报表指定标题" 对话框中为该报表命名为 "学生信息报表"，选择修改报表设计单选项，单击 "完成" 按钮，进入修改报表的设计视图，最后单击 "完成" 按钮，如图 6.3.7 所示。

第 8 步：进入 "学生信息报表" 设计视图后，适当调整各字段标签和文本框控件的大小及位置，使数据内容完全显示；适当修改报表各节的高度及宽度，防止出现多余或残缺空间，如图 6.3.8 所示。

第 9 步：右键单击 学生信息报表 标题按钮，在弹出的快捷菜单中选择 "打印预览" 命令，随即切换到 "学生信息报表" 的打印预览视图，如图 6.3.9 所示。

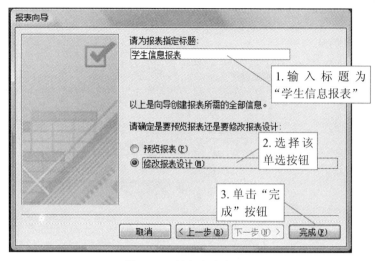

图 6.3.7 给报表命名

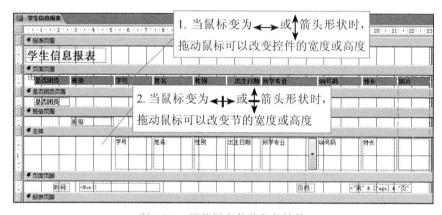

图 6.3.8 调整报表各节和各控件

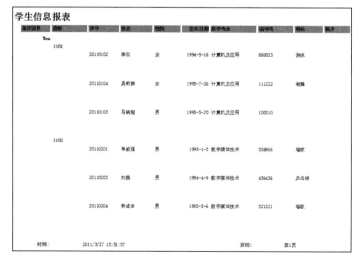

(a)

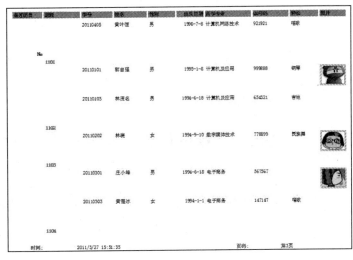

（b）

图 6.3.9 打印预览视图

【体验活动】

打开 "图书管理系统" 数据库：

使用报表向导创建 "图书馆藏记录" 报表，以 "图书信息" 表为数据源，选定并添加 "图书类别"、"书号"、"书名"、"入馆时间" 和 "馆藏量" 等字段，设置 "图书分类" 字段为第一组级字段，按照 "书号" 升序排序，然后对分类图书的馆藏量进行汇总，显示数据明细和记录汇总数。最后确定报表以纵向递阶状的布局方式和凸窗的样式呈现。

【知识宝库】

1. 报表和窗体的区别

（1）主要是输出结果的目的不同。窗体主要用于数据的输入和与用户的交互，而报表则是为了查看数据（可以在屏幕上，也可以在纸质）。

（2）计算字段可以在窗体中用来显示基于记录中其他字段的计算结果。使用报表，通常都会对报表所处理的一组记录、一页记录或所有记录进行计算。

（3）使用窗体可以实现的所有功能（除输入数据之外）都可以通过报表实现。实际上可以将窗体保存为报表，然后在 "报表设计" 窗口中对窗体控件进行自定义。

2. 报表类型

报表类型参见表 6.3.1。

表 6.3.1 报 表 类 型

表格式报表	该类型报表以行和列的方式打印分组和总计数据
纵栏式报表	该类型报表以窗体形式打印数据并且可以包括总计和图表
邮件合并报表	该报表创建窗体信函
邮件标签报表	该报表创建多列的标签或细长列的报表
图表报表	在窗体中用可视化的方法表示数据，如条形图或饼图

3. 报表的创建过程

（1）定义报表布局。

（2）汇集数据。

（3）使用"Access 报表设计"窗口创建报表设计。

（4）打印或查看报表。

任务 6.4 使用设计视图创建"学生成绩"报表

【任务说明】

使用向导创建报表非常快捷、方便，因为它包含特定的框架，可以迅速编辑好界面友好的报表。但使用向导创建出来的报表形式和功能都比较单一，布局较为简单，很多时候不能满足用户的要求。这时可以通过设计视图对报表做进一步的修改，或者直接通过报表设计视图创建报表，虽然操作比较繁琐，但可以自由地设计出更富个性的报表外观。

【任务目标】

以"学生信息表"、"课程信息表"和"学生成绩表"为数据源，建立带有班级查询功能的报表。

【实现步骤】

第 1 步：切换到 Access 数据库的"创建"选项卡，单击"报表"组的 ▨（报表设计）按钮，进入报表的设计视图，如图 6.4.1 所示。

图 6.4.1 创建报表界面

第 2 步：在当前报表的设计视图中，只有三个区域，即"页面页眉"、"主体"和"页面页脚"节。在"报表设计工具"的"设计"选项卡中，单击"工具"组中的"属性表"按钮，如图 6.4.2 所示。

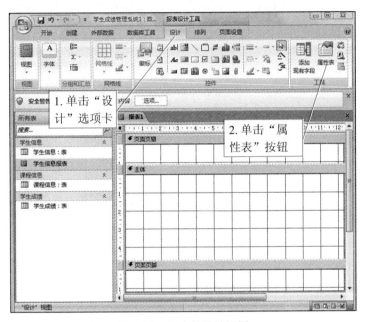

图 6.4.2 报表的设计视图

第 3 步：在"属性表"窗格中设置所选内容的类型为报表，然后切换到"数据"选项卡，单击"记录源"行右侧的 … （省略号）按钮，如图 6.4.3 所示。

图 6.4.3 属性表

第 4 步：随即打开"查询生成器"并弹出"显示表"对话框，将"学生信息"、"课程信息"和"学生成绩"表添加到"查询生成器"窗口中，设置 3 个表之间的关系，如图 6.4.4 所示。

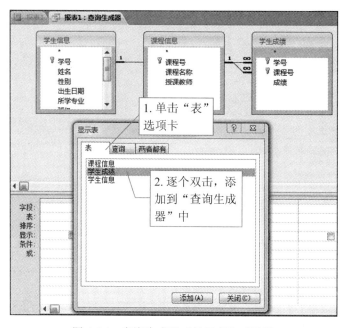

图 6.4.4 查询生成器"显示表"对话框

第 5 步：在"查询生成器"中，将"学生信息"表中的"学号"、"姓名"、"性别"、"出生日期"、"所学专业"和"班级"字段添加到查询设计窗格中，并将"课程信息"表中的"课程名称"字段和"学生成绩"表中的"成绩"字段也添加到查询设计窗格中。因为需要建立以"班级"为查询字段的参数报表，因此在"班级"字段的"条件"行中输入查询条件："[请输入学生所在班级：]"，如图 6.4.5 所示。

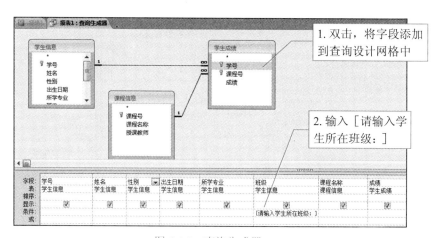

图 6.4.5 查询生成器

第 6 步：创建参数查询完毕后，单击"关闭"组中的"另存为"按钮，将该查询命名为"学生成绩报表参数查询"，如图 6.4.6 所示。

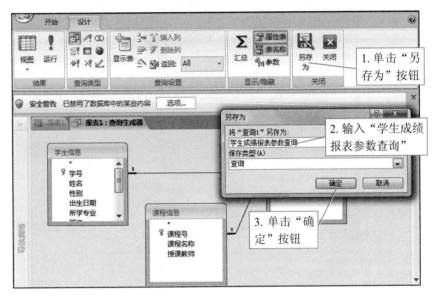

图 6.4.6 查询"另存为"对话框

第 7 步：关闭"查询生成器"，在弹出的"是否保存对查询的更改并更新属性"提示对话框中，单击"是"按钮，如图 6.4.7 所示。

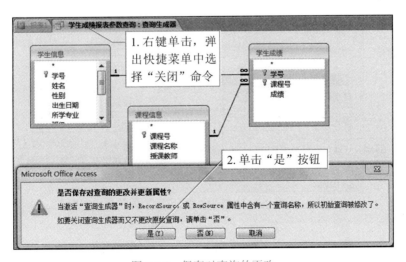

图 6.4.7 保存对查询的更改

第 8 步：完成对报表数据源的设置后，返回报表的设计视图，单击"工具"组中的"添加现有字段"按钮，弹出"字段列表"窗格，如图 6.4.8 所示。

图 6.4.8 "字段列表"窗格

第 9 步：用鼠标将"班级"字段拖放到报表"页面页眉"节中，其他字段则拖放到报表"主体"节中，然后将所有标签控件的字体加粗，并调整标签控件与文本框控件的大小、位置以及对齐方式。最后在"页面页脚"节设置当前日期和报表页数及页码，如图 6.4.9 所示。

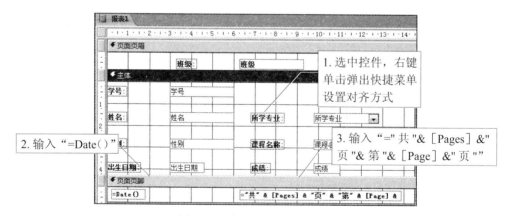

图 6.4.9 给报表各节添加控件

第 10 步：切换到报表视图，弹出"输入参数值"对话框，输入"1101"，单击"确定"按钮，如图 6.4.10 所示。

第 11 步：返回参数报表结果，如图 6.4.11 所示。

第 12 步：最后将报表命名为"学生成绩查询报表"并保存，如图 6.4.12 所示。

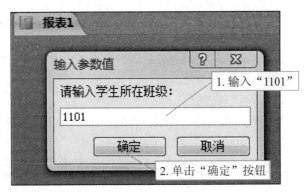

图 6.4.10 "输入参数值"对话框

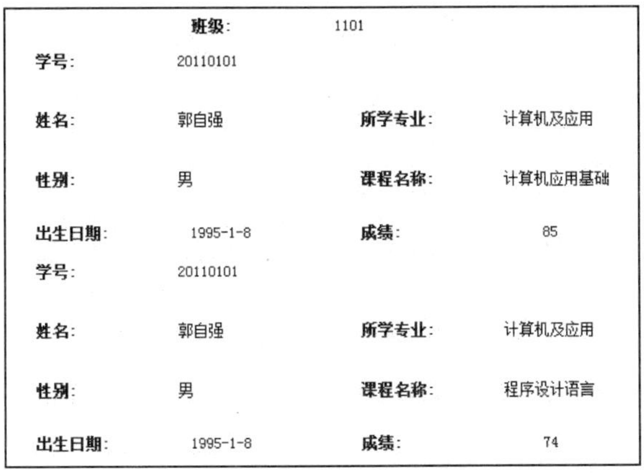

图 6.4.11 参数报表

图 6.4.12 "另存为"对话框

【体验活动】

打开"图书管理系统"数据库：

首先以"读者信息"、"图书信息"和"借还信息"表为数据源，创建"借书还书"参数查询（提示：在"查询生成器"中，双击添加"读者信息"表的"姓名"、"已借数量"字段；"图书信息"表的"书名"、"单价"字段；"借还信息"表的"借书证号"、"借书日期"、"应还日期"字段；然后在"借书证号"字段下面的"条件"行输入［请输入借书证号：］）；再以"借书还书"参数查询为数据源，使用设计视图创建"借书还书查询"报表。最后利用"报表设计工具"对控件的排列和位置进行调整。

【知识宝库】

报表被划分成"节"，可以将任意类型的文本或者字段控件放到任何节中。但 Access 一次只处理一条记录。Access 按顺序处理每个节，可采用特定的动作来激活各个节（根据组字段的值、页的位置或在报表中的位置）。

Access 可有以下几个节：

（1）报表页眉：打印在报表的开始，用做标题页。

（2）页面页眉：打印在每页的顶部。

（3）组页眉：打印在组中第一个数据被处理之前。

（4）主体：打印出表格和记录集中的每条记录。

（5）组页脚：打印在组中最后一个数据被处理之后。

（6）页面页脚：打印在每页的底部。

（7）报表页脚：打印在报表的最后，这时所有的记录都已经做过处理。

任务 6.5　对数据进行排序和分组

【任务说明】

通常来说，以更有意义的方式对数据进行分组，可以使报表上的数据对于用户来说更有用。默认情况下，报表中的记录是按照自然顺序，即数据输入的先后顺序排列显示的。在实际应用过程中，经常需要按照某个指定的顺序排列记录数据，例如按照年龄从小到大排列等，称为报表"排序"操作。此外，报表设计时还经常需要就某个字段按照其值的相等与否划分成组来进行一些统计操作并输出统计信息，这就是报表的"分组"操作。

【任务目标】

以"学生成绩"表作为数据源，建立能计算课程平均成绩的学生成绩汇总报表。

【实现步骤】

第 1 步：切换到 Access 数据库的"创建"选项卡，单击"报表"组中的 ▨（报表设计）按钮，进入报表的设计视图，如图 6.5.1 所示。

图 6.5.1　报表的设计视图

第 2 步：单击"工具"组中的"添加现有字段"按钮，弹出"字段列表"窗格，单击⊞按钮展开"学生成绩"表的字段，如图 6.5.2 所示。

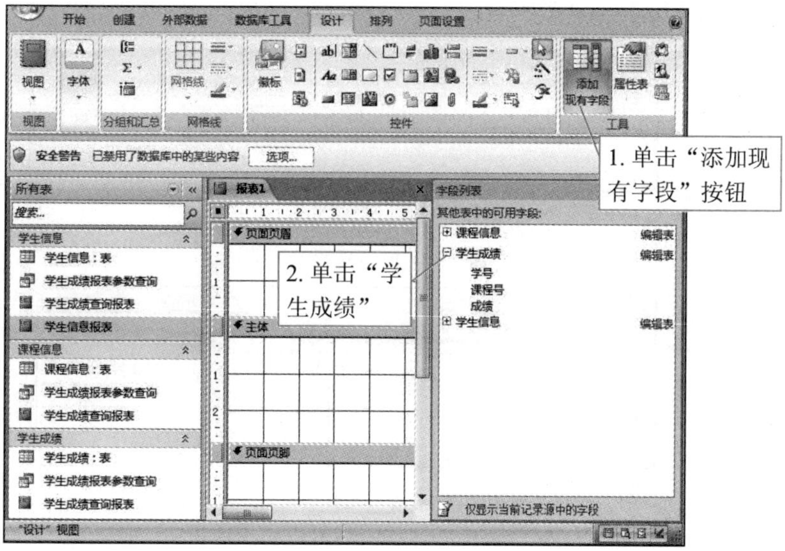

图 6.5.2 "字段列表"窗格

第 3 步：用鼠标拖动的方法将"字段列表"窗格中"学生成绩"表的所有字段移到"主体"节，然后右键单击该设计视图的白色网格区域，在弹出的快捷菜单中选择"报表页眉 / 页脚"命令，随即添加"报表页眉"节和"报表页脚"节，单击"控件"组中 **Aa** 标签按钮，用鼠标在"报表页眉"节拖出一个标签框，输入报表标题"学生成绩汇总"，如图 6.5.3 所示。

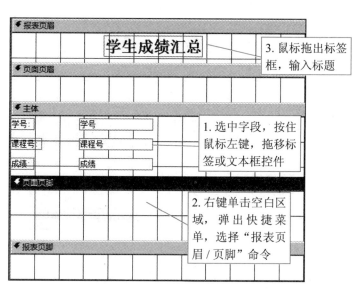

图 6.5.3 给报表各节添加控件

第 4 步：单击"分组和汇总"组的 按钮，弹出"分组、排序和汇总"窗格，单击"添加组"按钮，选择"学号"作为分组字段，按照升序排序，如图 6.5.4 和图 6.5.5 所示。

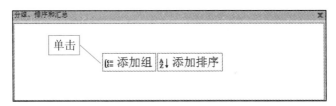

图 6.5.4 "分组、排序和汇总"窗格

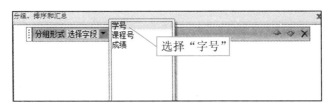

图 6.5.5 选择分组字段

第 5 步：继续设置"分组、排序和汇总"窗格的选项内容，单击 更多▶ 按钮，设置"有页脚节"，这样报表设计视图中既有"学号页眉"节，也有"学号页脚"节，然后在"学号页脚"统计并显示每个学生的课程总数和各课程平均分，如图 6.5.6 和图 6.5.7 所示。

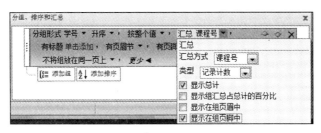

图 6.5.6 设置汇总方式

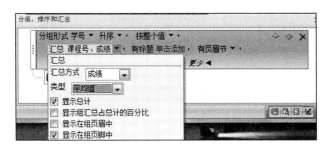

图 6.5.7 设置汇总方式

第 6 步：在"报表设计工具"的"设计"选项卡上"控件组"中，单击 日期和时间 按钮，弹出"日期和时间"对话框，在该对话框中设置当前日期的显示格式，如图 6.5.8 所示，然后将日期文本框控件移到"报表页眉"节。单击 页码 按钮，弹出"页码"对话框，设置如图 6.5.9 所示。

图 6.5.8 设置日期和时间 　　　　　　　　　图 6.5.9 设置页码

第 7 步：适当调整各控件的大小、位置及对齐方式。单击 **Aa** 按钮，在"页面页眉"节创建"学号"、"课程号"、"成绩"、"课程总数"及"平均成绩"等字段的标签，相应地在"学号页眉"节显示"学号"，"主体"节显示"课程号"和"成绩"，"学号页脚"节显示"课程总数"和"平均成绩"，"页面页脚"节显示页码页数，"报表页脚"显示当前报表的总记录数，效果如图 6.5.10 所示。

图 6.5.10 适当调整各控件的大小、位置及对齐方式

第 8 步：设计完毕后保存报表，并命名为"学生成绩汇总报表"，如图 6.5.11 所示。

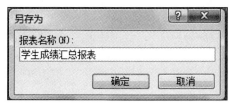

图 6.5.11 "另存为"对话框

第9步：最后由"设计视图"切换到"报表视图"，效果如图6.5.12所示。

学生成绩汇总			2011年3月29日	
学号	课程号	成绩	课程总数	平均成绩
20110101				
	002	74		
	003	96		
	004	82		
	001	85		
			4	84.25

图6.5.12　报表视图

【体验活动】

打开"图书管理系统"数据库：

（1）使用报表设计视图创建"图书价格"报表，以"图书信息"表为数据源，选择"图书类别"、"书名"和"单价"字段添加到报表"主体"节，设置分组字段为"图书类别"，增加"图书类别组页眉"节，无"图书类别组页脚"节，将"图书类别"字段拖放到组页眉中。

（2）使用报表设计视图创建"分类图书价格"图表报表，在"主体"节中插入"分类图书价格"柱形图表（提示：创建图表的数据源为"图书信息"表，用于图表的字段为"图书类别"、"书名"和"单价"，在图表布局中设置"图书类别"字段为轴数据，"书名"字段为系列数据，并将"单价"字段作为汇总求和数据，要求显示图例）。

【知识宝库】

对于很多报表来说，仅对记录排序是不够的，可能还需要将它们划分为组。组由组页眉、嵌套组（如果有）、明细记录和组页脚构成。例如，图6.5.13所示报表是按发货日期对销售数据进行分组，并计算每天的销售总量。

（1）日期是分组依据。

（2）汇总是对组中的数据进行求和。

可以按作为排序依据的任何字段和表达式（最多10个）进行分组。可以多次按同一字段或表达式分组。当按多个字段或表达式进行分组时，Access 2007将根据其分组级别嵌套各个组。作为分组依据的第一个字段是第一个也是最重要的分组级别，第二个分组依据字段是下一个分组级别，以此类推。图6.5.14显示了Access 2007中是如何嵌套组的。每个组页眉与一个组页脚配对。

图6.5.13　销售额报表

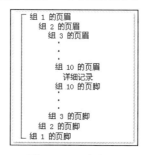

图6.5.14　嵌套组

"分组、排序和汇总"窗格的分组选项参见表 6.5.1。

表 6.5.1 分组选项

"有/无页眉节"	此设置用于添加或移除每个组前面的页眉节。在添加页眉节时，Access 将分组字段移到页眉。当移除包含非分组字段的控件的页眉节时，Access 会询问是否确定删除该控件
"有/无页脚节"	使用此设置添加或移除每个组后面的页脚节。在移除包含控件的页脚节时，Access 会询问是否确定删除该控件。
"将组放在同一页上"	此设置用于确定在打印报表时页面上组的布局方式。建议将组尽可能放在一起，以减少查看整个组时翻页的次数。但是，由于大多数页面在底部都会留有一些空白，因此这往往会增加打印报表所需的纸张数
"不将组放在同一页上"	如果不介意组被分页符截断，则可以使用此选项。例如，一个包含 30 项的组，可能有 10 项位于上一页的底部，而剩下的 20 项位于下一页的顶部
"将整个组放在同一页上"	此选项有助于将组中的分页符数量减至最少。如果页面中的剩余空间容纳不下某个组，则 Access 将使这些空间保留为空白，继而从下一页开始打印该组。较大的组仍需要跨多个页面，但此选项将把组中的分页符数尽可能减至最少
"将页眉和第一条记录放在同一页上"	对于包含组页眉的组，此选项确保组页眉不会单独打印在页面的底部。如果 Access 确定在该页眉之后没有足够的空间，至少打印一行数据，则该组将从下一页开始。

任务 6.6 制作高质量的报表

【任务说明】

若要想报表能给人以更大的视觉吸引力，通常需要分栏显示后添加一些线条和矩形，确保各节之间具有明显的界限；如果报表有背景，需要添加一些特殊效果，例如阴影或凹陷区域等；还必须确保各控件之间互不接触，文本与上下左右的其他文本是互相对齐。

【任务目标】

以"学生信息"表为数据源，创建"学生联系"多列报表。

【实现步骤】

第 1 步：切换到 Access 数据库的"创建"选项卡，单击"报表"组中的 （报表向导）按钮，弹出"报表向导"对话框，选择数据源为"学生信息"表，"选定字段"为"姓名"和"QQ 号码"字段，如图 6.6.1 所示。

第 2 步：先添加"姓名"字段作为组级字段，然后单击"分组选项"按钮，随即弹出"分组间隔"对话框，选定"姓名"字段的第一个字母作为分组间隔依据，如图 6.6.2 和图 6.6.3 所示。

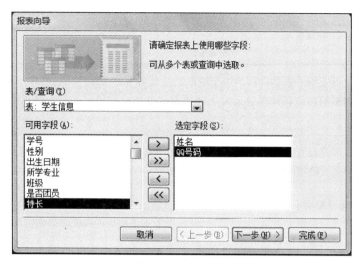

图 6.6.1　选择字段

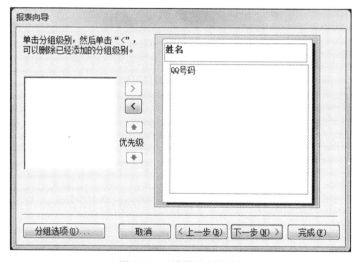

图 6.6.2　设置分组级别

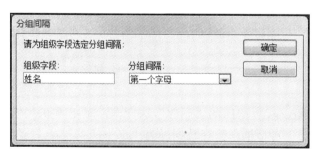

图 6.6.3　设置分组间隔

　　第 3 步：设置按 "姓名" 字段对报表记录进行升序排序，如图 6.6.4 所示。

　　第 4 步：确定报表的布局方式为 "块" 状且纵向显示，报表所用样式为 "Access 2007"，如图 6.6.5 和图 6.6.6 所示。

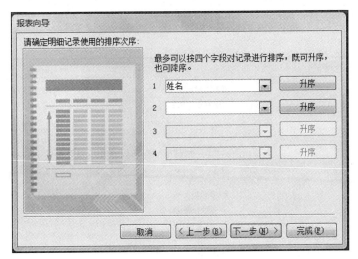

图 6.6.4 确定排序字段

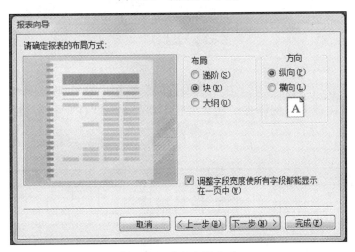

图 6.6.5 确定布局方式

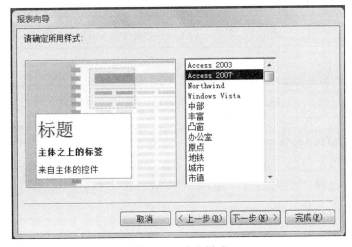

图 6.6.6 确定样式

第 5 步：确定该报表的标题，如图 6.6.7 所示。

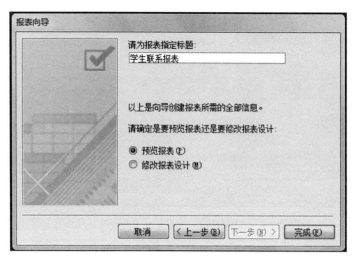

图 6.6.7　给报表命名

第 6 步：切换到报表设计视图，在"页面页眉"节把"姓名 通过第一个字母"标签内容改为"姓氏"，并且在该节右侧添加一组"姓氏"、"姓名"、"QQ 号码"标签作为报表第二栏数据的列名，如图 6.6.8 所示。

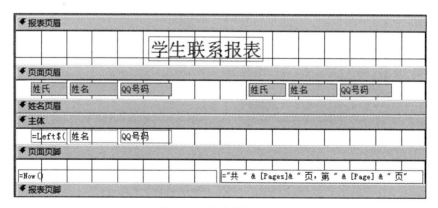

图 6.6.8　报表设计视图

第 7 步：切换到打印预览视图，单击 （页面设置）按钮，打开"页面设置"对话框，然后选择"列"选项卡，将"列数"更改为"2"，这时"列"选项卡底部的"列布局"区域变成活动的，再选择"先列后行"选项，使 Access 按照分栏显示打印报表，如图 6.6.9 所示。

图 6.6.9 "页面设置"对话框

📧 小贴士

（1）如果没有勾选"与主体相同"复选框，Access 会智能调整"列尺寸"和其他选项来适应指定的项目数。

（2）勾选"与主体相同"复选框，Access 会强制将列的宽度设置成"设计视图"中列的宽度，这样"列数"参数中指定的列数无法在页面中显示。

第 8 步：最终效果如图 6.6.10 所示。

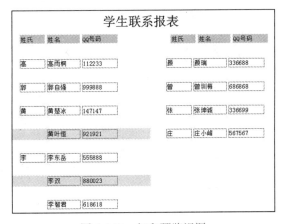

图 6.6.10 打印预览视图

【体验活动】

打开"图书管理系统"数据库："借书还书查询报表"有很多重复信息，还需要进一步修改。复制"借书还书查询报表"的副本，然后进入该副本报表的设计视图，添加"借书证号组页眉"节，按照"借书证号"分组，将"借书证号"字段移至"借书证号组页眉"节；在"主体"节删除"姓名"标签，选择并打开"姓名"文本框控件的"属性表"，切换到"全部"选项卡，将 "隐藏重复控件" 属性更改为 "是"，切换到报表视图。

【知识宝库】

当报表上显示的数据不需要占用页面的全部宽度时，通过将数据分栏打印可以改变页面的数量。这样不会浪费很多空间，打印的页面也较少，而且能加快报表的整体响应速度。同时一次可以浏览更多的信息，并且许多人发现分栏显示比简单的数据库更美观。

将报表设置分栏显示实际上是报表打印设置的一部分，而不是报表本身的属性。

"页面设置" 对话框上各选项的功能参见表 6.6.1。

表 6.6.1 "页面设置" 对话框中选项

选项卡	功能	备注
列数	指定报表中的列数	列数只影响报表的 "主体" 部分、组页眉和组页脚。每列的页面页眉和页面页脚都不是重复的
行间距	可以在每个主体项之间使用的额外垂直间距	若主体项之间需要的间隔比报表设计允许的间隔还多，可以使用此设置
列间距	每个列允许的额外水平间距	若主体项之间需要的间隔比报表设计允许的间隔还多，可以使用此设置
项尺寸—与主体相同	列的宽度和主体的高度与 "设计视图" 中的报表相同	此属性在需要微调报表上的列布局时非常有用
列尺寸—宽度和高度	列的宽度和高度	
列布局	项目如何打印：是先行后列还是先列后行	

任务 6.7 创建主 / 次报表

【任务说明】

使用关系数据（其中相关的数据存储在不同的表中）时，通常需要从同一报表上的多个表或查询中查看信息，子报表是非常有用的工具。子报表是插在其他报表中的报表，在合并报表时，两个报表中的一个必须作为主报表，主报表可以使绑定的也可以使非绑定的，也就是说，报表可以基于数据表、查询或 SQL 语句，也可以不基于任何其他数据对象。

【任务目标】

以 "学生信息" 表为主报表的数据源，"学生成绩" 表为子报表的数据源，建立学生综合信息报表。

【实现步骤】

第 1 步：切换到 Access 数据库的 "创建" 选项卡，单击 "报表" 组中的 ⬚ （报表向导）按钮，弹出 "报表向导" 对话框，选择数据源为 "学生信息" 表，如图 6.7.1 所示。

第 2 步：单击 ⏩ 按钮，将 "可用字段" 列表中所有字段移动到 "选定字段" 列表中，如图 6.7.2 所示。

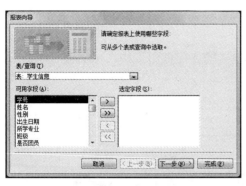

图 6.7.1 "报表向导"对话框

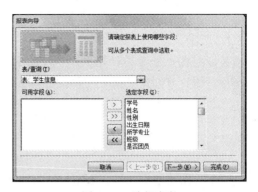

图 6.7.2 选择字段

第 3 步：在"是否添加分组级别"对话框中，可以不用设置分组字段，继续单击"下一步"按钮，如图 6.7.3 所示。

第 4 步：在"请确定记录所用的排序次序"对话框中，单击第一个下拉列表框，选择"学号"为优先排序字段，并按照升序排序，单击"下一步"按钮，如图 6.7.4 所示。

图 6.7.3 添加分组级别

图 6.7.4 选择排序字段

第 5 步：在"请确定报表的布局方式"对话框中，设置报表为"表格"型布局，"纵向"方向显示，并能自动调整字段宽度使所有字段都能显示在一页中，如图 6.7.5 所示。

第 6 步：在"请确定所用样式"对话框中，设置报表为"办公室"型样式，单击"下一步"按钮，如图 6.7.6 所示。

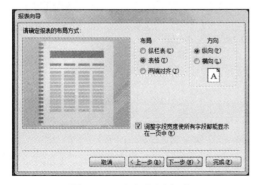

图 6.7.5 确定布局方式

图 6.7.6 确定样式

第 7 步：给报表指定标题名称为 "学生综合信息报表"，然后进入修改报表的设计视图，如图 6.7.7 所示。

第 8 步：在 "报表设计工具" 的 "设计" 选项卡的 "控件组" 中，单击 🔳（子报表）按钮，在 "主体" 节创建子报表控件，如图 6.7.8 所示。

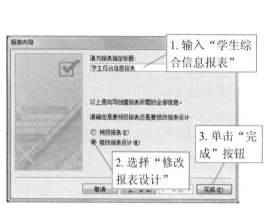

图 6.7.7　给报表命名

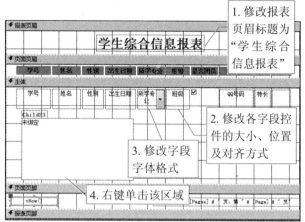

图 6.7.8　创建子报表控件

第 9 步：右键单击子报表控件，在弹出的快捷菜单中选择 "属性" 命令，随即显示 "属性表" 窗格，切换到 "数据" 选项卡，在 "源对象" 行的下拉列表框中，选择 "学生成绩表" 为子报表的数据源，如图 6.7.9 所示。

第 10 步：在子报表控件的标签框中输入子报表的名称为 "学生成绩子表"，再适当调整子报表控件的大小及位置，调整报表各节的高度及宽度，如图 6.7.10 所示。

第 11 步：切换到报表视图，如图 6.7.11 所示。

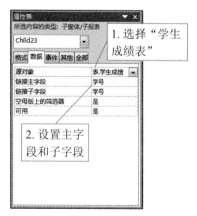

图 6.7.9　属性表窗格

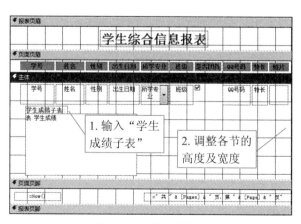

图 6.7.10　修改子报表

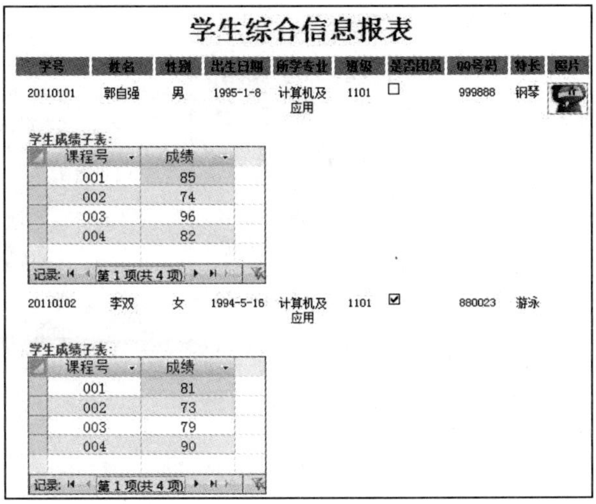

图 6.7.11 报表视图

【体验活动】

打开"图书管理系统"数据库。打开"读者信息"报表的设计视图，将该报表作为主报表，用子报表控件工具直接在报表"主体"节拖出子报表控件框，打开子报表"属性表"，设置数据源为"借还信息"表，切换到报表视图，查看主 / 次报表效果。

【知识宝库】

子报表是插入在另一个报表中的报表。合并报表时，其中一个必须作为主报表以包含另一个报表。主报表可以是绑定或未绑定的。绑定报表指可以显示数据并且可在其记录源属性中指定表、查询或 SQL 语句。未绑定报表指不基于表、查询或 SQL 语句（即报表的记录源属性为空）的报表。

1. 带有两个不相关子报表的未绑定主报表的示例

未绑定主报表无法显示其本身的任何数据，但是仍然可以作为要合并的不相关子报表的主报表。

未绑定主报表包含两个子报表，如图 6.7.12 所示。一个子报表按照雇员汇总销售额；另一个子报表按照类别汇总销售额。

2. 绑定到同一记录源的主报表和子报表的示例

可以使用主报表显示明细记录（如全年的每项销售额），然后使用子报表显示汇总信息（如每季度的总销售额），如图 6.7.13 所示，子报表按季度汇总全年的销售额；主报表列出日常销售额。

3. 绑定到相关记录源的主报表和子报表的示例

主报表包含一个或多个子报表通用的数据。在此情况下，子报表包含与主报表中数据相关的数据，如图 6.7.14 所示。

（1）主报表列出每个会议的名称和城市。

（2）子报表列出参加每个会议的代表。

图 6.7.12 两个子报表

图 6.7.13 主报表和子报表

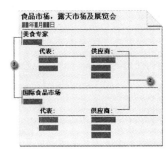

图 6.7.14 绑定到相关记录源

任务 6.8 创建"课程成绩"子报表

【任务说明】

创建子报表的方法除了在已有报表中创建子报表，还可以通过将某个已有报表添加到其他已有报表来创建子报表。就像用子窗体向导创建子窗体那样，使用子报表向导创建子报表更加方便、快捷。另外，主报表可以包含子报表，也可以包含子窗体，而且能够包含多个子窗体和子报表。

【任务目标】

以"学生信息"表为主报表的数据源，"学生成绩"和"课程信息"表为子报表的数据源，使用子报表控件向导建立学生信息主 / 次报表。

【实现步骤】

第 1 步：在"所有表"窗格中右键单击"学生信息报表"，进入该报表的设计视图，将鼠标箭头移动到报表的"主体"节下方，当光标变为双向箭头时按下鼠标左键并拖动，增大"主体"节高度，为创建子报表空出位置，如图 6.8.1 所示。

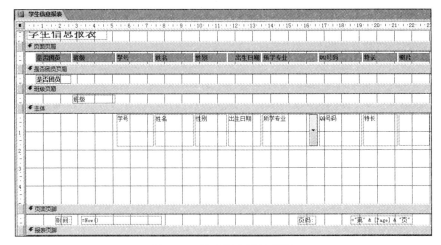

图 6.8.1 修改报表设计视图

　　第 2 步：在"报表设计工具"的"设计"选项卡上"控件组"中，单击 (使用控件向导) 按钮，保持该按钮处于选中状态，然后单击 (子报表) 按钮，在"主体"节用鼠标拖出一个子报表框，如图 6.8.2 所示。

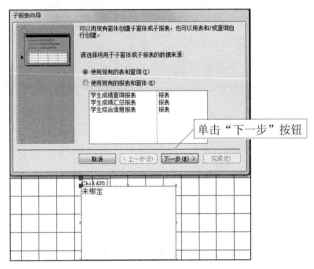

图 6.8.2　选择子报表数据源

　　第 3 步：在弹出的对话框中选择要作为子报表数据源的表或查询。单击"表 / 查询"下拉列表框，选择"表：课程信息"，并将表中的"课程号"、"课程名称"字段添加到"选定字段"列表框中，如图 6.8.3 所示。

　　第 4 步：再次单击"表 / 查询"下拉列表框，选择"表：学生成绩"，并将表中的"成绩"字段添加到"选定字段"列表框中，如图 6.8.4 所示。

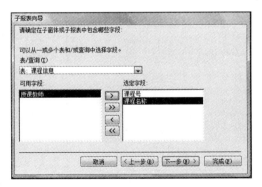

图 6.8.3　选择"课程信息"表字段

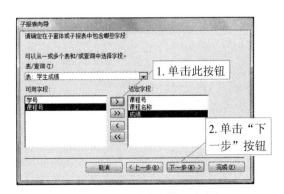

图 6.8.4　选择"学生成绩"表字段

　　第 5 步：在弹出的对话框中选择主 / 次窗体的链接方式，如图 6.8.5 所示。

　　第 6 步：在弹出的对话框中输入该子窗体或子报表的名称，单击"完成"按钮完成基于已有报表的主 / 次报表的创建，如图 6.8.6 所示。

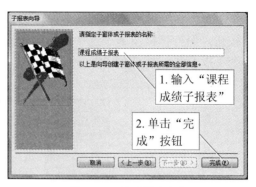

图 6.8.5　选择主 / 次窗体的链接方式　　　　　图 6.8.6　给子报表命名

第 7 步：在该子报表的设计视图中，修改子报表标签控件内容，并设置各字段的属性，隐藏 "页面页眉" / "页面页脚" 节，如图 6.8.7 所示。

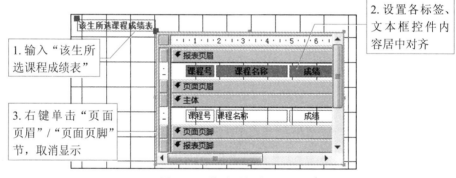

图 6.8.7　修改子报表

第 8 步：最后切换到报表视图，效果如图 6.8.8 所示。

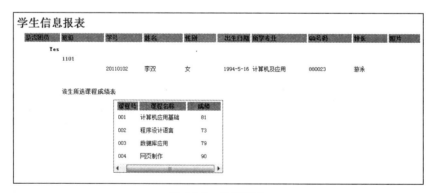

图 6.8.8　报表视图

【体验活动】

打开 "图书管理系统" 数据库：

以 "读者信息" 表为数据源，使用向导创建 "读者信息" 主报表（提示：选择 "读者信息" 表所有字段，按 "姓名" 字段分组，"借书证号" 字段排序，然后使用子报表控件向导创

建"该读者借还书明细表"（提示：选择"借还信息"表的"书号"、"借书日期"、"应还日期"、"是否已还"等字段）

【知识宝库】

创建子报表的方法如下：

（1）向报表中添加子报表的一个快捷方法是：在设计视图中打开主报表，然后将对象从"导航将窗格"拖到主报表中。

（2）使用子报表向导创建子报表，将表、查询、窗体或报表作为子报表添加到报表。

任务 6.9 创建交叉表报表

【任务说明】

交叉表查询比一般选择查询的可读性更高，它同时在水平方向和垂直方向对数据进行分组，这样数据表可以更紧凑并且更容易阅读。这样就可以尝试将交叉表查询作为数据源来创建交叉表报表。

【任务目标】

以"学生成绩"表为数据源创建交叉表查询，再以"学生成绩＿交叉表查询"为数据源创建弹出式"学生成绩＿交叉报表"。

【实现步骤】

第 1 步：切换到 Access 数据库的"创建"选项卡下"其他"组中的 查询向导按钮，在弹出的"新建查询"对话框中选择"交叉表查询向导"选项，如图 6.9.1 和图 6.9.2 所示。

第 2 步：在弹出的"交叉表查询向导"对话框中，选择"学生成绩"表作为交叉表查询的数据源，如图 6.9.3 所示。

图 6.9.1 "创建"选项卡

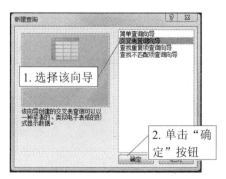

图 6.9.2 "新建查询"对话框

图 6.9.3 选择交叉表查询的数据源

第 3 步：在弹出的提示选择行标题对话框中，选择"学号"字段作为行标题，由"可用字段"列表框添加到"选定字段"列表框中，行标题字段最多可以选择 3 个，如图 6.9.4 所示。

第 4 步：在弹出的提示选择列标题对话框中，选择"课程号"字段作为列标题，该字段将显示在查询的上部，并且列标题字段只能选择一个，如图 6.9.5 所示。

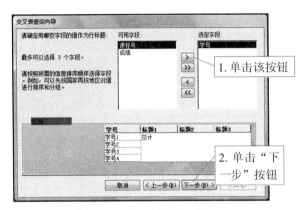

图 6.9.4 确定行标题字段

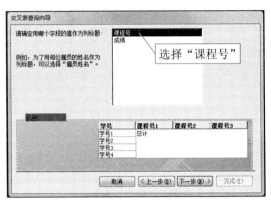

图 6.9.5 确定列标题字段

第 5 步：在弹出的确定交叉点显示的字段对话框中，选择"成绩"字段，选择"汇总"函数，并对各行数据进行总计，这样每个学生各课程成绩及其总和将显示在交叉表查询的交叉点上，如图 6.9.6 所示。

第 6 步：在弹出的对话框中给交叉表查询命名为"学生成绩 _ 交叉表"，然后进入该查询的修改设计视图，如图 6.9.7 所示。

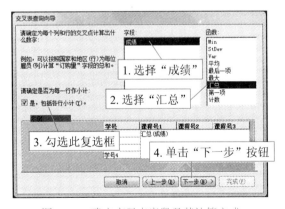

图 6.9.6 确定交叉点字段及其计算方式

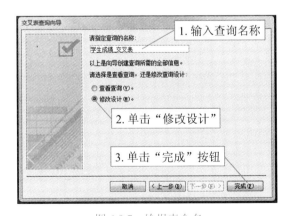

图 6.9.7 给报表命名

第 7 步：在查询设计视图中，按照"行名：[统计字段名]"的格式，修改各行总计所在列的名称为"总分：[成绩]"，如图 6.9.8 所示。

第 8 步：完成后的"学生成绩 _ 交叉表"查询如图 6.9.9 所示。

第 9 步：保存并关闭该查询，如图 6.9.10 所示。

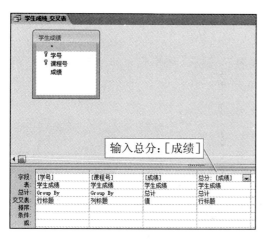

图 6.9.8　修改字段名

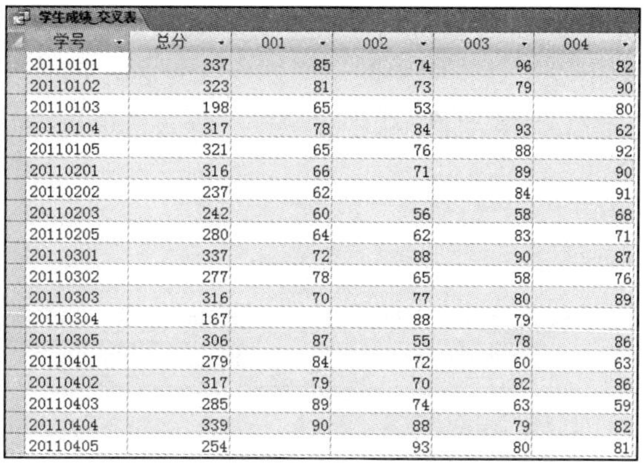

图 6.9.9　"学生成绩_交叉表"查询

图 6.9.10　保存查询

第 10 步：建立在交叉查询之上的交叉报表。单击"创建"选项卡的"报表"组中的 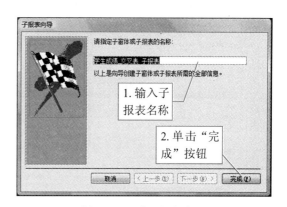（报表设计）按钮，新建一个空报表，如图 6.9.11 所示。

第 11 步：在屏幕左边的导航窗格中选择"学生成绩_交叉表"查询，将该查询拖到设计视图的"主体"节中，在弹出的"子报表向导"对话框中，输入子报表名称为"学生成绩_交叉表_子报表"，如图 6.9.12 所示。

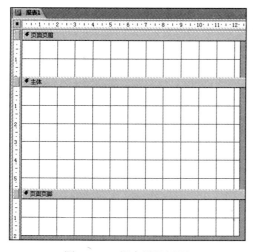

图 6.9.11　报表设计视图

图 6.9.12　给子报表命名

第 12 步：随即建立了一个以"学生成绩_交叉表"查询为数据源的子报表，主报表是一个空报表，没有数据源，次报表是一个交叉报表。然后在"页面页眉"节中添加标题信息，如

图 6.9.13 所示。

第 13 步：最后，将"学生成绩 _ 交叉报表"设置为弹出式报表。在该报表的设计视图中，单击"工具"组中的"属性表"按钮，以显示"属性表"窗格，切换到"其他"选项卡，将"弹出方式"行中默认的"否"改为"是"，如图 6.9.14 所示。

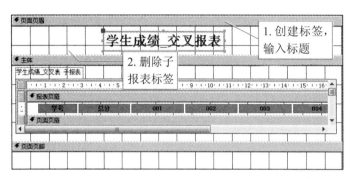

图 6.9.13 输入主报表标题，删除子报表标签　　　　图 6.9.14 "属性表"窗格

第 14 步：保存该报表，将报表切换到报表视图中，可以看到，原来只能在右边视图中活动的报表可以移动到屏幕的任何地方，即建立了一个弹出式报表。如图 6.9.15 所示。

第 15 步：重新进入报表的设计视图，在"属性表"窗格的"其他"选项卡下，将"模式"行中默认的"否"改为"是"，如图 6.9.16 所示。

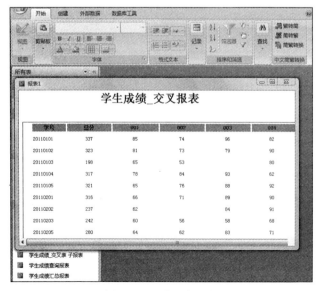

图 6.9.15 弹出式报表　　　　　　　　　　图 6.9.16 "属性表"窗格

第 16 步：再次将报表切换到报表视图中，可以看到，报表可以移动到屏幕的任何地方，并且只能操作报表中的内容，其余的内容是不能操作的，如图 6.9.17 所示。

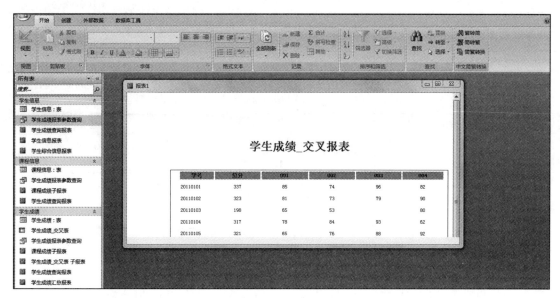

图 6.9.17 报表视图

第 17 步：保存该报表，如图 6.9.18 所示。

图 6.9.18 "另存为"对话框

【体验活动】

打开"图书管理系统"数据库：以"读者信息"表为数据源，使用向导创建"借书统计交叉表查询"（提示："借书证号"字段为行标题，"姓名"为列标题，行列的交叉点对"已借数量"字段进行汇总计算，显示借书数量）。然后以交叉表查询为数据源，创建"借书统计交叉报表"。

【知识宝库】

所谓交叉表报表，就是使用交叉表查询为报表提供数据。交叉表查询计算数据的总和、平均值、个数或其他类型的总计值，并且按两个字段对结果进行分组：其中一个字段的值成为列标题；另一个字段的值成为行标题。

① 表 6.9.1 所示的报表 1 基于选择查询，显示仅进行垂直（按雇员和类别）分组的记录。这样得到的记录较多，增加了比较不同雇员之间总计值的难度。

② 表 6.9.2 所示的报表 2 基于交叉表查询，虽然与上一个报表显示的信息相同，但是数据是从水平和垂直两个方向进行分组的，因此数据表更紧凑。

表 6.9.1 报 表 1

姓名	类别名称	分类汇总总计
小林	饮料	￥100
小林	调味品	￥150
小王	饮料	￥120
小王	调味品	￥200

表 6.9.2 报 表 2

姓名	饮料	调味品
小林	￥100	￥150
小王	￥120	￥200

习 题

一、填空题

1. 报表主要分为纵栏式报表、_____、标签报表 3 种类型。

2. 报表由报表页眉、页面页眉、主体、_____、_____这 5 个部分构成。

3. 报表与窗体的区别在于用途不同：在_____中可以输入数据，在_____中不能输入数据，报表的主要用途是按照指定的格式来打印输出数据。

4. 报表与窗体的另一项区别在于计算的处理方式：_____采用计算字段，通过_____中的字段进行计算；_____则以分组记录为依据，将每页的结果值或者整份报表的输出结果统计出来。

5. 主体节是报表中显示数据的主要区域，根据字段类型不同，字段数据要使用不同类型的_____进行显示，其字段数据均须通过文本框或其他控件绑定显示，也可以包含字段的计算结果。

6. 主报表有两种，即绑定的和_____。

7. _____是报表中的报表。

二、多项选择题

1. 以行、列形式显示记录数据的报表类型是_____。

  A. 标签报表   B. 纵栏式报表   C. 表格式报表   D. 空白报表

2. 报表设计视图的功能是_____。

  A. 查看报表的设计结果

  B. 创建和编辑报表的结构

  C. 查看报表的页面数据输出形态

  D. 根据实际报表数据调整布局并设置报表布局及控件属性。

3. 报表和窗体类似，也是由_____个部分组成，每个部分称为一个 "节"。

  A. 5   B. 4   C. 6   D. 3

4. 在报表设计视图中，执行_____命令，可以设置 "组页眉 / 组页脚"，以实现报表的分组输出和分组统计。

  A. 日期和时间   B. 属性表   C. 分组和汇总 D. 排序与分组

 5. 报表的_____部分用来设置报表的标题、使用说明等信息。并且只在报表的第一页顶端打印一次。

  A. 页面页眉   B. 组页眉   C. 报表页眉   D. 报表页脚

 6. 创建报表的 5 种方法不包括以下的_____。

  A. 创建标签报表   B. 自动创建报表

  C. 利用报表向导创建报表   D. 利用设计视图创建报表

 7. 与报表背景图片相关的属性不包括_____。

  A. 类型   B. 对齐方式   C. 缩放模式   D. 环绕方式

 8. 在"报表向导"中最多只能设置_____个排序字段，并且排序只能是字段，不能是表达式。

  A. 4   B. 5   C. 3   D. 2

 9. 下列是报表中最常用的计算控件是_____。

  A. 标签   B. 文本框   C. 按钮   D. 列表

 10. 一个主报表_____包含两级子窗体或子报表。

  A. 不能   B. 能   C. 最多只能   D. 最少

单元 7

创建"学生成绩管理系统"宏

【情景故事】

　　小峰已经掌握了"学生成绩管理"数据库中表的管理，懂得用各种查询方法查询表中数据，并且学会了利用窗体来浏览数据，利用报表来处理数据输出。但是，怎样才能把这些表面上看起来独立的 Access 对象连接起来，为学生成绩的管理工作提供方便呢？这就需要学习宏的操作了。

【单元说明】

　　宏也是 Access 数据库中的一个对象，它是一种组织数据库对象的工具。本单元将主要学习宏的概念，简单宏、宏组以及条件宏的创建和设计，了解宏的执行和调试以及常用的宏命令。

【技能目标】

- 熟练掌握在设计视图中创建单个宏、宏组和条件宏。
- 掌握调试宏的方法。
- 掌握运行宏的不同方法。
- 掌握使用宏在窗体上创建菜单栏。

【知识目标】

- 理解宏的概念及作用。
- 了解宏的执行及调试方法。
- 了解常用的宏操作。

任务 7.1　创　建　宏

【任务说明】

　　创建宏的操作是在设计视图中完成的。创建宏的操作包括确定宏名、设置宏条件、选择宏操作、设置宏参数等。

【任务目标】

学会创建简单宏、创建宏组和创建条件宏。

一、创建简单宏

案例 1：创建一个名为"浏览学生信息表"的宏，运行该宏时，以只读方式打开"学生信息"表。

【实现步骤】

第 1 步:单击"创建"选项卡上"其他"组的 (宏)按钮,打开宏的设计视图,按照图 7.1.1 所示的步骤,完成相关设置。

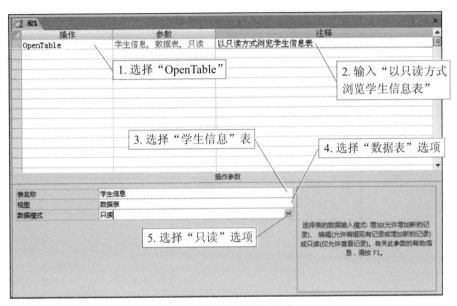

图 7.1.1 宏创建时的设计窗口

第 2 步:单击快速访问工具栏上的 按钮,打开"另存为"对话框,输入宏名称后,单击"确定"按钮,保存所创建的宏,如图 7.1.2 所示。

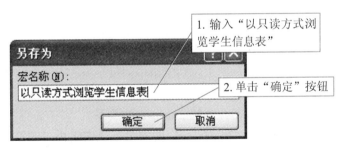

图 7.1.2 保存宏时的对话框

第 3 步:宏保存后,在导航窗格的"宏"对象栏中将显示新创建的宏,此时右键单击该宏,选择"运行"命令,将运行宏,如图 7.1.3 所示。

完成以上操作后,在屏幕右边窗格中将以只读方式打开学生信息表。

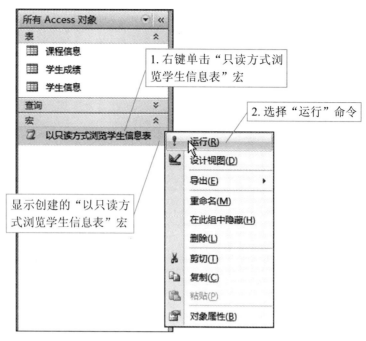

图 7.1.3 运行宏

提示

　　如果要删除某个宏操作，在宏设计视图中选择该行，右击，在快捷菜单中选择"删除行"命令，即删除该行。

二、创建宏组

【任务说明】

　　宏组就是一组宏的集合。宏组中的每个宏都有各自的名称，以便分别调用，为管理和维护方便，将这些宏放在一个宏组中。创建宏组的方法与创建简单宏的方法基本相同，不同的是，在设计宏组时需要用到宏名，用来区别宏组中的每个宏。

【任务目标】

　　使学生学会宏组的创建，并理解宏组和宏的关系。

　　案例 2：创建一个名为"MaGroup"的宏组，该宏组由"浏览表"、"运行查询"、"打开报表"3 个宏组成。

【操作说明】

　　该宏组中包括 3 个宏，宏"浏览表"的功能是以只读方式打开"课程信息"表，宏"运行查询"是执行"成绩查询（设计视图）"。宏"打开报表"是打开"学生信息报表"。

【实现步骤】

　　第 1 步：单击"创建"选项卡上"其他"组的 （宏）按钮，打开宏的设计视图，单击

"设计"选项卡上的"显示/隐藏"组的（宏名）按钮，在设计视图中添加"宏名"列。

第 2 步：在"宏名"列的第 1 行中输入第 1 个宏的名称"浏览表"，然后按照创建宏的步骤设置该宏操作及参数。图 7.1.4 所示为宏组中第 1 个宏的创建过程。宏组中的"运行查询"宏和"打开报表"宏是用同样的方法创建，如图 7.1.5 所示。

第 3 步：单击快速访问工具栏上的 <kbd>■</kbd> 按钮，打开"另存为"对话框，输入"MaGroup"宏组名后，单击"确定"按钮，保存所创建的宏组。

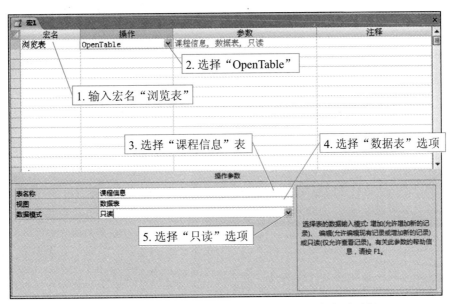

图 7.1.4 宏组 MaGroup 中第 1 个宏"浏览表"的创建过程

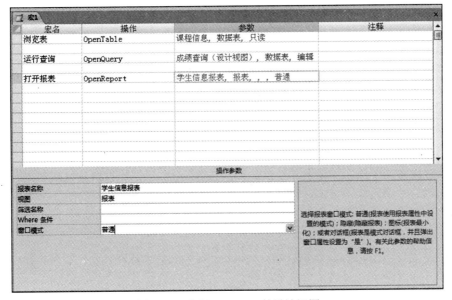

图 7.1.5 宏组 MaGroup 的设计视图

案例 3：创建一个名为"运行宏组"的窗体，在窗体中添加 3 个命令按钮，单击这 3 个命令按钮，分别执行宏组"MaGroup"中的"浏览表"、"运行查询"和"打开报表"宏。

【操作说明】

该窗体中 3 个命令按钮根据宏组中的 3 个宏对应取名，即分别命名为"浏览表"、"运行查询"和"打开报表"。在窗体中单击"浏览表"按钮，则执行"MaGroup"中的"浏览表"宏，以只读方式打开"课程信息"表；单击"运行查询"按钮，则执行"MaGroup"中的"运行查询"宏，显示"成绩查询（设计视图）"查询结果；单击"打开报表"按钮，则执行"MaGroup"中的"打开报表"宏，浏览"学生信息报表"内容。

【实现步骤】

第 1 步：在窗体设计视图中新建一个名为"运行宏组"的窗体。在窗体中添加 3 个按钮，其标题分别为"浏览表"、"运行查询"和"打开报表"，如图 7.1.6 所示。

第 2 步：打开"浏览表"命令按钮的属性窗口，从"事件"选项卡的"单击"列表框中选择要运行的"MaGroup. 浏览表"宏，如图 7.1.7 所示。

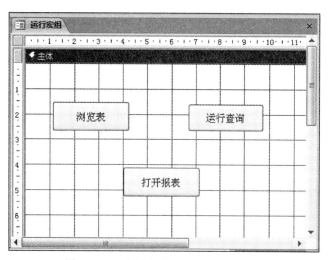

图 7.1.6　已创建好的"运行宏组"窗体

图 7.1.7　为命令按钮指定宏

用同样的方法为"运行查询"和"打开报表"命令按钮分别指定"MaGroup. 运行查询"和"MaGroup. 打开报表"宏。

第 3 步：切换到窗体设计视图，单击不同的命令按钮，测试所运行的宏。

三、创建条件宏

【任务说明】

通常情况下，宏的执行顺序是从第一个宏操作依次往下执行到最后一个宏操作。但对某些宏操作，可以设置一定的条件，当条件满足时执行某些操作，条件不满足时，则不执行该操作，这在实际应用中经常用到。

【任务目标】

使学生学会创建条件宏，并理解对条件宏的运行方法。

案例 4： 创建一个条件宏，打开"体验条件宏"窗体，当有学生的成绩 90 分以上时，将运行条件宏，提示该学生成绩优秀。

【实现步骤】

第 1 步：新建一个窗体，命名为"体验条件宏"，将"学生成绩"表中"学号"、"课程号"、"成绩" 3 个字段添加到窗体中，打开"成绩"文本框控件的"属性表"窗口，单击"事件"选项卡，然后单击"进入"文本框后面的按钮，如图 7.1.8 所示。

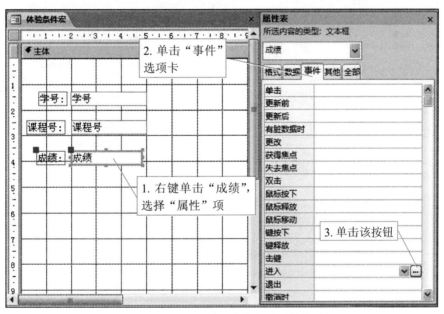

图 7.1.8　创建"成绩"条件宏时属性的选择

第 2 步：在打开的"选择生成器"对话框中选择"宏生成器"选项，单击"确定"按钮，打开宏设计视图，单击"设计"选项卡上"显示 / 隐藏"组的（条件）按钮，添加"条件"列。然后参照图 7.1.9 所示步骤，完成条件宏的创建、保存及关闭。

第 3 步：关闭创建的条件宏后，回到"属性表"窗口，在"进入"文本框中显示"[嵌入的宏]"，单击快速访问工具栏上的 ■（保存）按钮保存窗体，如图 7.1.10 所示。

第 4 步：单击"设计"选项卡上"视图"组的（视图）按钮，打开该窗体的窗体视图，鼠标指针放置在"成绩"文本框中，单击记录导航器选择每个学生的成绩信息，当有超过 90 的分数时，系统将弹出提示对话框，提示该学生这门课程为优秀，如图 7.1.11 所示。

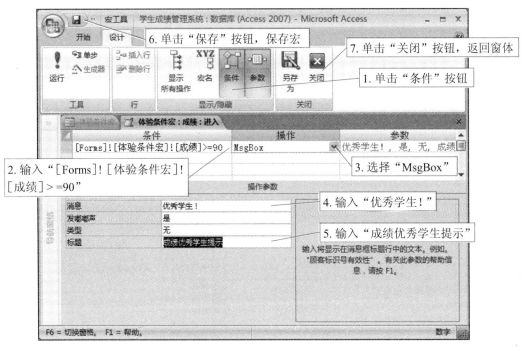

图 7.1.9 "条件宏"的创建过程

图 7.1.10 "属性表"窗口

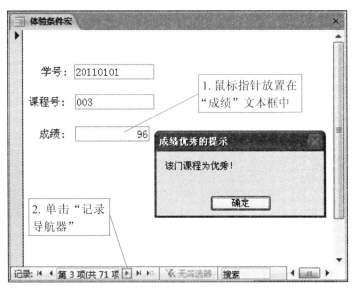

图 7.1.11 运行"条件宏"的结果

【知识宝库】

1. 宏和宏组

宏是一个或多个操作命令的集合，其中每个操作能够实现特定的功能，使用宏可以自动完成数据库中的常规任务，可以实现打开或关闭数据表、报表、窗体、打印报表、显示信息提示框等功能。

在 Access 中，用户使用宏非常方便，不需要记住各种语法，也不需要编程，只需利用几个简单的宏操作就可以将已经创建的数据库对象联系在一起，实现特定的功能。

宏是操作的集合，将多个宏组织起来就得到宏组，即宏组是宏的集合。对于宏来说，运行时将顺序执行它的每一个操作；对于宏组来说，并不是顺序执行每一个宏，宏组中的每个宏都是相互独立的，且单独执行。宏组只是对宏的一种组织方式，宏组不可执行，执行的只是宏组中的各个宏。

2. 宏操作

宏操作是由 Access 本身提供的、组成宏的基本单元，可以把宏操作看做是完成一定功能的代码，宏是通过执行代码完成一系列操作的。根据用途可以将宏操作分成以下几类：

① 用于窗体和报表中的数据处理。

② 用于数据的导入和导出。

③ 用于执行特定任务。

④ 用于对象的处理。

⑤ 其他。

在 Access 中，一共有 53 种基本的宏操作，如表 7.1.1 所示。在使用中，很少单独使用基本宏操作，常常是将这些操作命令组成一组，按照顺序执行，以完成一种特定任务。宏操作命令可以通过窗体中控件的某个事件操作来实现，也可以在数据库的运行过程中自动执行。

表 7.1.1　常用的宏操作及功能

宏操作	功能	宏操作	功能
AddMenu	创建窗体或报表的自定义菜单	OpenQuery	打开指定的查询
ApplyFilter	筛选表、窗体或报表中的记录	OpenReport	打开指定的报表
Beep	发出蜂鸣声	OpenTable	打开指定的表
CancelEvent	取消一个事件	OpenView	打开指定的视图
Close	关闭指定的窗口	PrintOut	打印处于活动状态的对象
Echo	指定是否打开回响	Quit	退出 Access
FindNext	查找符合条件的下一条记录	Rename	重命名指定的对象
FindRecord	查找符合条件的记录	RunApp	运行指定的应用程序
GoToControl	将光标移到指定对象上	RunCommand	执行指定的命令
GoToPage	将光标翻到指定页的第一个控件位置	RunMacro	执行指定的宏
GoToRecord	将光标移到指定记录上	RunSQL	执行指定的 SQL 查询
Maximize	将当前活动窗口最大化	Save	保存指定的对象
Minimize	将当前活动窗口最小化	SetValue	设定当前对象的值
MoveSize	调整当前窗口的位置和大小	ShowToolbar	设置显示或隐藏工具栏
MsgBox	显示一个消息框	StopAllMacros	终止所有正在运行的宏
OpenForm	打开指定的窗体	StopMacro	终止当前正在运行的宏

3. 宏的执行条件

宏运行时将顺序执行它的每一个操作。但在很多情况下，希望仅当特定条件为真时才执行一个或多个操作，这时就可以使用条件语句控制宏的流程。

条件由关系（或）逻辑表达式表示，宏将根据条件的结果而沿着不同的路径执行。如果条件结果为真，则 Access 将执行此行中的操作；如果条件的结果为假，Access 则会忽略这个操作。

【体验活动】

1. 创建一个名为 "浏览图书信息表" 的宏，运行该宏时，以只读方式打开 "图书信息" 表。

2. 创建一个名为 "MaGroup" 的宏组，该宏组由 "浏览表"、"运行查询"、"打开报表" 3 个宏组成。"浏览表" 宏的功能是以只读方式打开 "图书信息" 表，"运行查询" 宏是执行 "借还查询（设计视图）"，"打开报表" 宏是打开 "图书信息报表"。

3. 创建一个名为 "运行宏组" 的窗体，在窗体中添加 3 个命令按钮，单击这 3 个按钮，分别执行宏组 "MaGroup" 中的 "浏览表"、"运行查询" 和 "打开报表" 宏。

4. 创建一个条件宏，每当通过 "借还信息" 窗体往 "借还信息" 表输入记录时，如果 "应还日期" 小于 "借书日期"，给出提示信息 "还书日期应大于或等于借书日期"。

任务 7.2   运行和调试宏

一、运行宏

【任务说明】

宏创建好后就可以运行了。在 Access 中，运行宏的方法有多种，可以直接运行宏，也可以通过窗体、报表、页上面的控件运行宏。

运行宏的方法通常有以下几种：

（1）在导航窗格的 "宏" 对象栏中双击宏名。

（2）在宏设计视图窗口中单击工具栏上的 "运行" 按钮，即可运行正在设计的宏。

（3）通过窗体、报表中的命令按钮来运行宏。

（4）使用宏操作中的 "RunMarco" 命令，可以在一个宏中调用另一个宏。

（5）自动运行宏。若将宏命名为 "AutoExec"，则每次启动数据库时，会自动运行该宏，该宏一般用于完成数据库系统的初始化。

【任务目标】

使学生学会对宏运行的各种方法。

二、宏的调试

【任务说明】

创建一个宏后，需要对宏进行一些调试，以排除导致错误或非预期结果的操作。Access 为调试宏提供了一个单步执行宏的方法，即每次只执行宏中的一个操作。使用单步执行宏操作可以观察到宏的流程和每一个操作的结果，容易查出错误所在并改正它。

【任务目标】

使学生学会对宏进行调试的方法。

案例 5：调试任务 7.1.1 的案例 1 中所创建的"浏览学生信息表"宏。

【实现步骤】

第 1 步：打开"浏览学生信息表"宏设计视图，单击"工具"组中 单步 （单步）按钮，使该按钮处于选中状态。

第 2 步：单击 ! （运行）按钮，弹出"单步执行宏"对话框，其中有 3 个按钮，功能如图 7.2.1 所示。

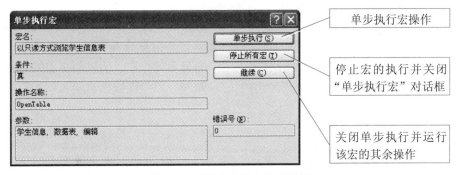

图 7.2.1　"单步执行宏"对话框

第 3 步：选择"单步执行宏"按钮，如果正常，则继续执行宏，如果宏存在错误，则在窗口中将显示操作失败的对话框，如图 7.2.2 所示。这个对话框将显示出错误操作的操作名称、参数以及相应的条件。利用该对话框可以了解在宏中出错的操作，然后单击"停止所有宏"按钮回到宏设计窗口中对出错宏进行相应的操作修改。

图 7.2.2　宏操作执行失败对话框

任务 7.3　使用宏在窗体上创建菜单栏

案例 6：使用宏为"学生成绩管理系统"数据库中创建一个菜单栏，该菜单具有表 7.3.1 所示的菜单项。

表 7.3.1 菜单项目名称

菜单栏各项菜单名称	子菜单的菜单项	宏操作
信息输入	学生信息输入	OpenForm
	课程信息输入	OpenForm
信息查询	学生信息查询	OpenForm
	课程信息查询	OpenForm
退出	退出	Quit

【实现步骤】

第 1 步：假定子菜单中 4 个菜单项的窗体已经创建好。如果不存在，则要先创建并保存。

第 2 步：打开宏设计视图，分别创建"信息输入"、"信息查询"和"退出"3 个宏组，每个宏组中包含子菜单操作的宏，每个宏对应子菜单的菜单项操作，所以要将宏的名称和子菜单项名一致。例如，信息输入宏组，包括"学生信息输入"和"课程信息输入"2 个宏，图 7.3.1 所示是"信息输入宏组"的示例。

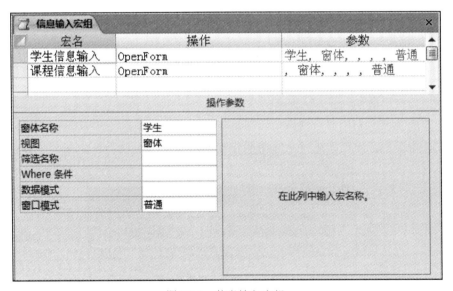

图 7.3.1 信息输入宏组

第 3 步：创建宏，打开宏设计视图，在"操作"列中分别添加 3 个"AddMenu"操作，设置每个操作参数，其中在"菜单名称"和"菜单宏名称"文本框中输入相应的参数，图 7.3.2 展示了信息输入菜单项的设置过程，其余 2 个"AddMenu"操作的设置方法相同。保存宏为"菜单"。

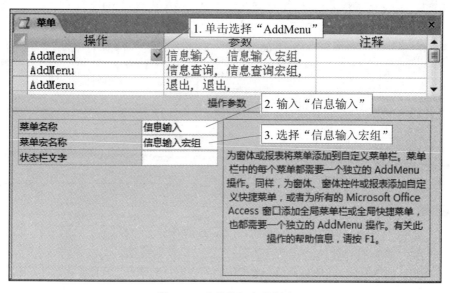

图 7.3.2 "菜单"宏的创建

第 4 步：打开"学生成绩管理"窗体的设计视图，在"属性表"中选择"其他"选项卡，在"菜单栏"属性中选择"菜单"，如图 7.3.3 所示。

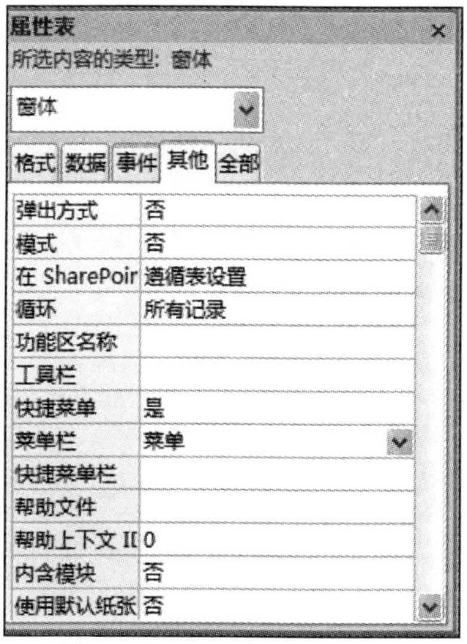

图 7.3.3 "属性表"设置

第 5 步：运行"学生成绩管理"窗体时，在系统主菜单中单击"加载项"选项卡，这时会出现"菜单命令"组，鼠标单击"信息输入"项，将显示菜单列表，如图 7.3.4 所示。

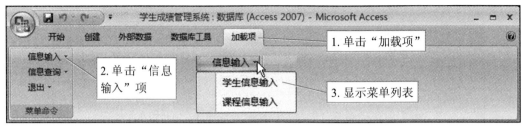

图 7.3.4　显示"菜单命令"组并单击"信息输入"

习　题

一、填空题

1. 宏是一种特定的编码，是一个或多个_____的集合。

2. 宏的使用一般是通过窗体、报表中的_____控件实现的。

3. 若执行操作的条件是"出生日期"在 2011 年 3 月 15 日到 2011 年 6 月 17 日之间，则条件表达式为_____。

4. 有多个操作构成的宏，执行时是按_____执行的。

5. 使用_____执行，可以观察宏的流程和每一个操作的结果。

6. 如果希望按满足指定条件执行宏中的一个或多个操作，这类宏称为_____。

7. 打开一个表应该使用的宏操作是_____。

8. 用于显示消息框的命令是_____。

二、选择题

1. 下列关于宏的说法中，错误的是_____。

　　A. 宏是多个操作的集合

　　B. 每一个宏操作都有相同的宏操作参数

　　C. 宏操作不能自定义

　　D. 宏通常与窗体、报表中命令按钮相结合来使用

2. 在 Access 中，自动启动宏的名称是_____。

　　A. Autoexec　　　　　　　　　　B. Auto

　　C. Auto.bat　　　　　　　　　　D. Autoexec.bat

3. 使用宏组的目的是_____。

　　A. 设计出功能复杂的宏　　　　　B. 设计出包含大量操作的宏

　　C. 减少程序内存消耗　　　　　　D. 对多个宏进行组织和管理

4. 要限制宏操作的操作范围，可以在创建宏时定义_____。

　　A. 宏操作对象　　　　　　　　　B. 宏条件表达式

　　C. 窗体或报表控件属性　　　　　D. 宏操作目标

5. 某窗体中有一命令按钮，在"窗体视图"中单击此命令按钮，运行另一个应用程序。如果通过调用宏对象完成此功能，则需要执行的宏操作是_____。

　　A. RunApp　　　　　　　　　　B. RunCode

    C. RunMacro   D. RunSQL

6. 某窗体中有一命令按钮，在窗体视图中单击此命令按钮打开另一个窗体，需要执行的宏操作是_____。

    A. OpenQuery   B. OpenReport

    C. OpenWindow   D. OpenForm

7. 用于打开报表的宏命令是_____。

    A. OpenForm   B. OpenReport

    C. OpenQuery   D. RunApp

8. 无论创建何类宏，一定可以进行的是_____。

    A. 确定宏名   B. 设置宏条件

    C. 选择宏操作   D. 以上皆是

9. 若已有宏，要想产生宏指定的操作需_____。

    A. 编辑宏   B. 创建宏

    C. 带条件宏   D. 运行宏

10. 条件宏的条件项的返回值是_____。

    A. "真"   B. 一般不能确定

    C. "真"或"假"   D. "假"

11. 在宏的表达式中要引用报表 test 上控件 txtName 的值，可以使用引用式_____。

    A. txtName   B. test!txtName

    C. Reports!test!txtName   D. Reports!txtName

12. 在宏的表达式中还可能引用窗体或报表上控件的值。引用窗体控件的值可以用表达式_____。

    A. Forrns! 窗体名！控件名   B. Forrns! 控件名

    C. Forrns! 窗体名   D. 窗体名！控件名

单元 8

Access 在网上购物系统中的应用

任务 8.1 系统分析

本单元的网上购物系统为用户提供了一个小型、实用的购物数据库，我们所设计的购物系统的主要功能包括如下：

① 商品基本信息的管理：用来处理进出库的商品信息，包括新建、修改、删除和查询等。

② 订单信息的处理：是整个系统工作流程的起点，包括订单的增减、查询以及订单在处理过程中状态的改变。

③ 客户信息管理：用来对客户资料进行管理，包括对客户信息进行查询、修改和删除以及增加新客户等。

④ 打印报表功能：使用户可以将商品或客户的重要数据打印出来。

本系统的功能结构如图 8.1.1 所示。

图 8.1.1 网上购物系统的功能结构

任务 8.2 创建"商品信息"、"客户信息"和"订单明细"表

表是一个数据库系统的基础所在，它主要负责存储数据，是数据库最重要的对象。

本系统主要包含三个表："商品信息"表、"客户信息"表和"订单明细"表。下面我们就来设计系统中用到的数据表。

1. "商品信息"表

"商品信息"表用于存储商品自身的一些属性，具体的字段结构如表 8.2.1 所示。

表 8.2.1 "商品信息" 表

字段名称	数据类型	说明	是否主键
商品 ID	自动编号		是
商品名称	文本		
单价	货币		
库存数量	数字	目前商品库存数量	
订购数量	数字	目前商品订购数量	
再定购数量	数字	目前商品再订购数量	

2. "客户信息" 表

"客户信息" 表用于存储客户的基本信息, 其字段结构如表 8.2.2 所示。

表 8.2.2 "客户信息" 表

字段名称	数据类型	是否主键
客户 ID	文本	是
客户名称	文本	
联系电话	文本	
收货地址	文本	
邮政编码	文本	
电子邮箱	文本	
备注	文本	

3. "订单明细" 表

"订单明细" 表主要用于存储对订单的全部处理信息, 其字段结构如表 8.2.3 所示。

表 8.2.3 "订单明细" 表

字段名称	数据类型	是否主键
订单 ID	自动编号	是
商品 ID	数字	是
客户 ID	文本	是
商品单价	货币	
商品数量	数字	
商品折扣	文本	
订购日期	日期 / 时间	
发货日期	日期 / 时间	
到货日期	日期 / 时间	
邮递方式	文本	
货运费	货币	

任务 8.3 实现"商品信息"、"客户信息"和"订单明细"窗体

1. "切换面板"窗体

设计要求：参考表 8.3.1 所列的系统功能，建立"商品信息"、"客户信息"、"订单明细"、"报表打印" 4 个子切换面板，如图 8.3.1 所示。通过切换面板能够完成调用各个窗体，对表进行编辑、进行查询、打印报表等操作。

表 8.3.1　系 统 功 能

数据管理功能	查询功能	统计功能	报表功能
编辑商品信息	输入客户 ID，查询客户信息	统计每笔订单支付总金额	生成商品信息报表
编辑客户信息			生成客户信息报表
编辑订单信息			生成订单明细报表

2. "商品信息"子面板

（1）商品信息普通窗体

利用"窗体向导"，设置数据源为"商品信息"表，选择相关字段，创建"商品信息窗体"，如图 8.3.2 所示。进入其设计视图美化窗体各控件。

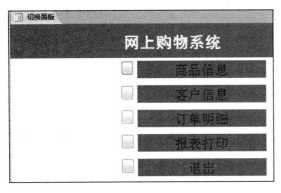

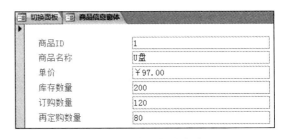

图 8.3.1　"切换面板"主界面　　　　　　　　图 8.3.2　"商品信息窗体"

（2）商品信息多项目窗体

选择"多个项目"按钮，设置数据源为"商品信息"表，选择相关字段，自动创建"商品信息"多项目窗体，如图 8.3.3 所示。普通窗体只能一次显示一条记录，如果需要一次显示多条记录，可以创建多个项目窗体。该窗体的结构类似于数据表，数据排列成行、列的形式，一次可以查看多条记录。但它提供了比数据表更多的自定义选项。例如，在数据表下面添加一个"关闭"按钮，可以关闭并保存该窗体。

（3）商品信息分割窗体

选择"分割窗体"按钮，设置数据源为"商品信息"表，选择相关字段，自动创建"商品信息"分割窗体，如图 8.3.4 所示。分割窗体的上半部分是"窗体视图"，显示一条记录的详细

信息，下半部分是原来的“数据表视图”，显示数据表中的记录。这两种视图连接到同一数据源，并且总是保持相互同步。

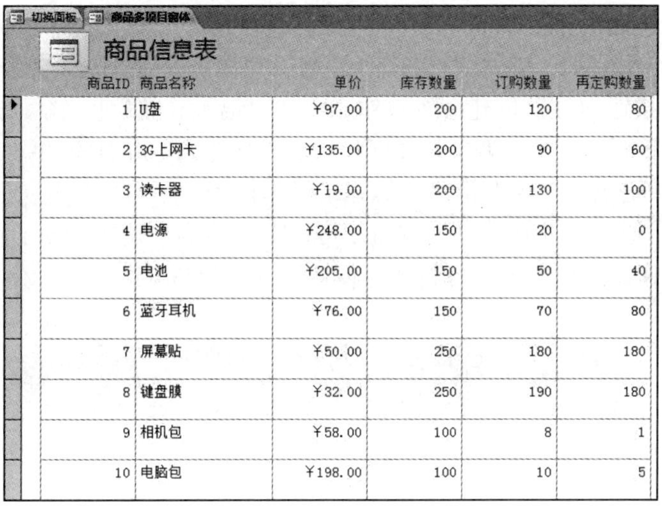

商品ID	商品名称	单价	库存数量	订购数量	再定购数量
1	U盘	￥97.00	200	120	80
2	3G上网卡	￥135.00	200	90	60
3	读卡器	￥19.00	200	130	100
4	电源	￥248.00	150	20	0
5	电池	￥205.00	150	50	40
6	蓝牙耳机	￥76.00	150	70	80
7	屏幕贴	￥50.00	250	180	180
8	键盘膜	￥32.00	250	190	180
9	相机包	￥58.00	100	8	1
10	电脑包	￥198.00	100	10	5

图 8.3.3 商品信息多项目窗体

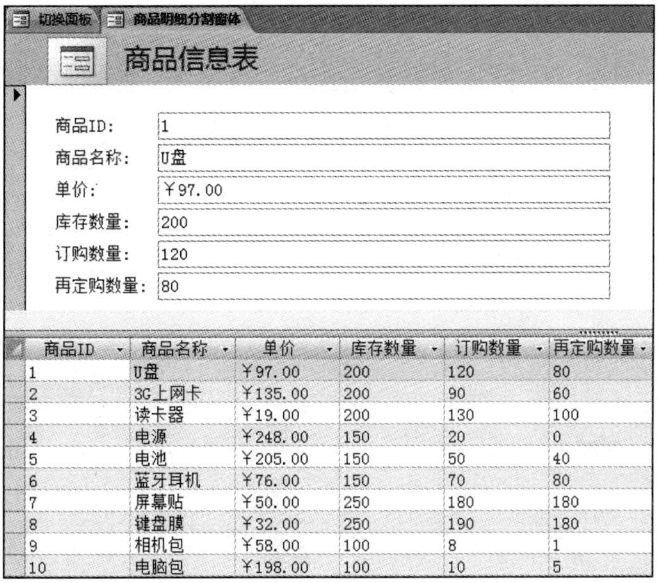

商品ID	商品名称	单价	库存数量	订购数量	再定购数量
1	U盘	￥97.00	200	120	80
2	3G上网卡	￥135.00	200	90	60
3	读卡器	￥19.00	200	130	100
4	电源	￥248.00	150	20	0
5	电池	￥205.00	150	50	40
6	蓝牙耳机	￥76.00	150	70	80
7	屏幕贴	￥50.00	250	180	180
8	键盘膜	￥32.00	250	190	180
9	相机包	￥58.00	100	8	1
10	电脑包	￥198.00	100	10	5

图 8.3.4 商品信息分割窗体

如果在窗体的一个部分中选择了一个字段，则会在窗体的另一部分中选择相同的字段。用户可以从任一视图中添加、编辑或删除数据。例如，请在“数据表视图”中输入以下一条新记录：

11	清华紫光录音笔	￥115.00	180	160	50

可以使用窗体的数据表部分快速定位记录，然后使用窗体部分查看或编辑记录。例如，在"数据表视图"中选中上面新插入的记录，然后修改"商品单价"字段的值为"￥199.00"。

3."客户信息"子面板

（1）客户信息普通窗体

用户可以通过输入客户 ID 来查询客户信息详细情况，如图 8.3.5 所示。利用"命令按钮向导"创建命令按钮，添加"记录导航"操作，可以查看上一条 / 下一条数据、第一条数据和最后一条数据。并且添加"增加记录"、"删除记录"、"保存记录"等记录操作按钮。还可以创建"窗体操作"按钮，通过"综合查询"按钮，可以查看该客户购买的商品信息和订单明细；通过"关闭窗体"按钮，退出"客户资料普通窗体"，如图 8.3.6 所示。

图 8.3.5　输入客户 ID

图 8.3.6　客户资料普通窗体

（2）客户信息多项目窗体

客户信息多项目窗体，如图 8.3.7 所示。

图 8.3.7　客户信息多项目窗体

（3）客户明细分割窗体

客户明细分割窗体，如图 8.3.8 所示。

图 8.3.8　客户明细分割窗体

4."订单明细"子面板

（1）订单明细窗体

将数据库中的"订单明细"窗体作为主窗体，利用子窗体控件向导创建"订单子窗体"，以"商品信息"表为子窗体数据源，选择添加"商品 ID"、"商品名称"和"单价"等字段。在"窗体页脚"节插入文本框控件，运用公式"商品单价 * 商品数量 * 商品折扣 + 货运费"来小计订单总金额，如图 8.3.9 所示。

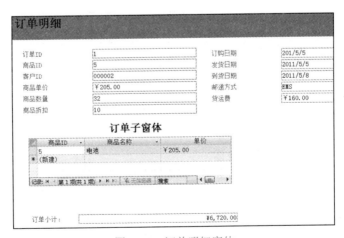

图 8.3.9　订单明细窗体

（2）追加新订单窗体

用窗体设计的方法创建"追加新订单"窗体，在该窗体的设计视图中利用控件向导，创建下拉列表框、文本框、命令按钮等，如图 8.3.10 所示。

单击"填写个人信息"按钮，打开"客户信息"分割窗体，在记录导航栏中单击 ▶ 新空白记录按钮，填写新客户个人信息，如图 8.3.11 所示。然后在分割窗体的数据部分，将光标定位在客户 ID 为 000011 的单元格，单击 ✓ 选择 ▼ 按钮筛选出 ID 为 000011 的记录。

单击"更新订单"按钮，打开"订单明细"主 / 次窗体，在记录导航栏中单击 ▶ 新空白记录按钮，增加新订单信息，最后"订单小计"文本框会自动运用公式计算出该订单总金额，如图 8.3.12 所示。

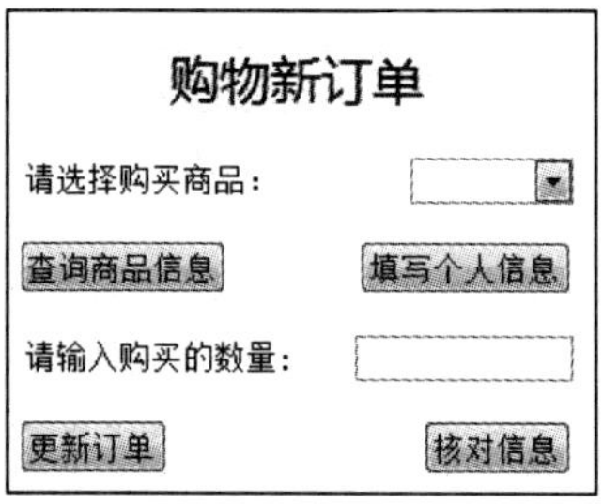

图 8.3.10　追加新订单窗体

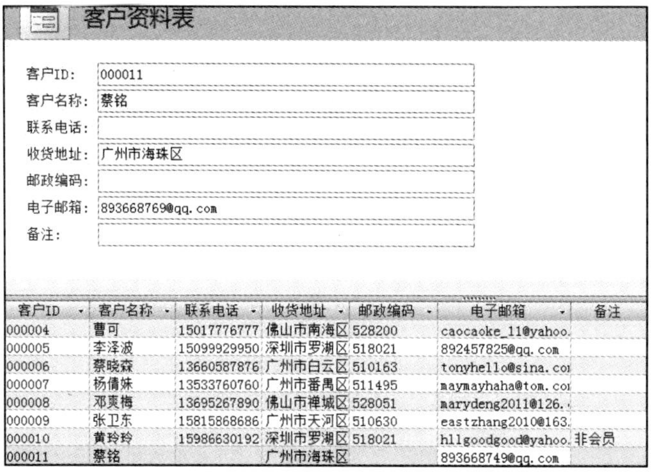

图 8.3.11　填写新客户资料

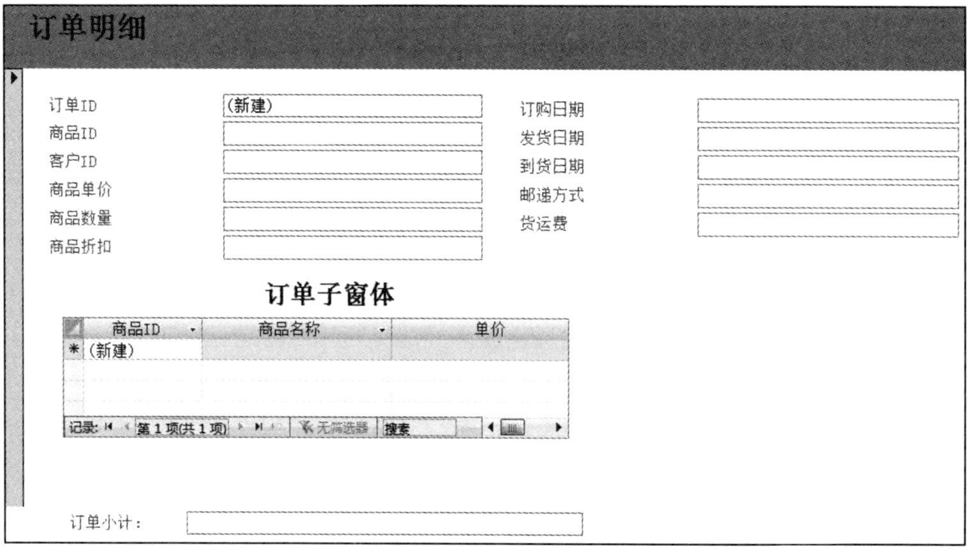

图 8.3.12　添加新订单信息，小计订单金额

单击"核对信息"按钮，打开"客户资料"两级子窗体，可以查看新客户信息、新客户的订单明细、该订单商品的信息，如图 8.3.13 所示。

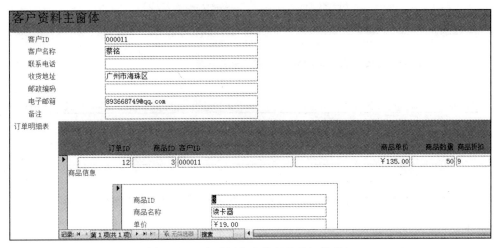

图 8.3.13 查看新客户信息及其订单明细

5. 报表的实现

（1）商品信息报表

商品信息报表，如图 8.3.14 所示。

商品信息报表

商品ID	商品名称	单价	库存数量	订购数量	再定购数量
1					
	U盘	￥97.00	200	120	80
2					
	3G上网卡	￥135.00	200	90	60
3					
	读卡器	￥19.00	200	130	100
4					
	电源	￥248.00	150	20	0
5					
	电池	￥205.00	150	50	40
6					
	蓝牙耳机	￥76.00	150	70	80

图 8.3.14 商品信息报表

（2）客户资料报表

客户资料报表，如图 8.3.15 所示。

（3）订单明细报表

订单明细报表，如图 8.3.16 所示。

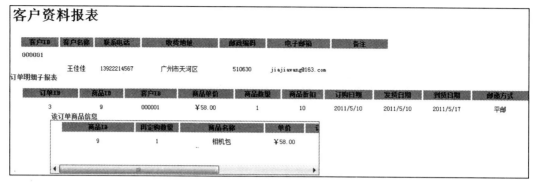

图 8.3.15　客户资料报表

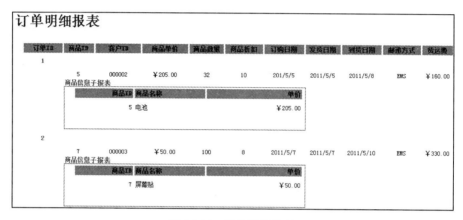

图 8.3.16　订单明细报表

6. 建立自启动宏

建立一个新宏，选择宏操作为："OpenForm"，在动作参数"窗体名称"中选择"切换面板"窗体。单击控制按钮关闭宏窗口，提示输入宏名字时，输入"Autoexec"，如图 8.3.17 所示。这样，当打开数据库同时，即自动进入启动应用程序界面。

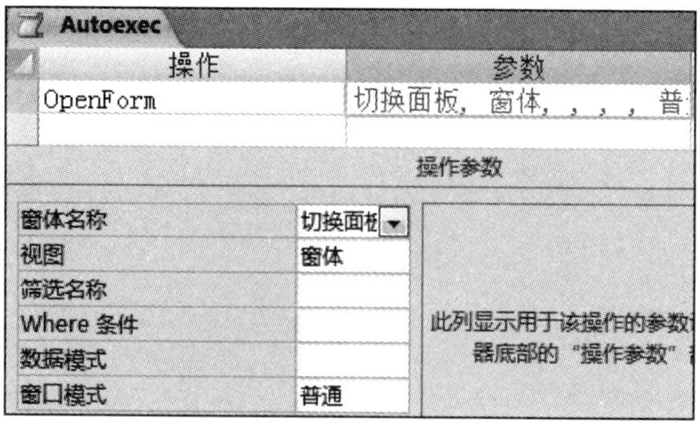

图 8.3.17　"Autoexec 宏"

郑重声明

高等教育出版社依法对本书享有专有出版权。任何未经许可的复制、销售行为均违反《中华人民共和国著作权法》，其行为人将承担相应的民事责任和行政责任；构成犯罪的，将被依法追究刑事责任。为了维护市场秩序，保护读者的合法权益，避免读者误用盗版书造成不良后果，我社将配合行政执法部门和司法机关对违法犯罪的单位和个人进行严厉打击。社会各界人士如发现上述侵权行为，希望及时举报，本社将奖励举报有功人员。

反盗版举报电话　（010）58581897　58582371　58581879
反盗版举报传真　（010）82086060
反盗版举报邮箱　dd@hep.com.cn
通信地址　北京市西城区德外大街4号　高等教育出版社法务部
邮政编码　100120

短信防伪说明

本图书采用出版物短信防伪系统，用户购书后刮开封底防伪密码涂层，将16位防伪密码发送短信至106695881280，免费查询所购图书真伪，同时您将有机会参加鼓励使用正版图书的抽奖活动，赢取各类奖项，详情请查询中国扫黄打非网（http://www.shdf.gov.cn）。

反盗版短信举报

编辑短信"JB，图书名称，出版社，购买地点"发送至10669588128

短信防伪客服电话

（010）58582300

学习卡账号使用说明

本书所附防伪标兼有学习卡功能，登录"http://sve.hep.com.cn"或"http://sv.hep.com.cn"进入高等教育出版社中职网站，可了解中职教学动态、教材信息等；按如下方法注册后，可进行网上学习及教学资源下载：

（1）在中职网站首页选择相关专业课程教学资源网，点击后进入。

（2）在专业课程教学资源网页面上"我的学习中心"中，使用个人邮箱注册账号，并完成注册验证。

（3）注册成功后，邮箱地址即为登录账号。

学生：登录后点击"学生充值"，用本书封底上的防伪明码和密码进行充值，可在一定时间内获得相应课程学习权限与积分。学生可上网学习、下载资源和提问等。

中职教师：通过收集5个防伪明码和密码，登录后点击"申请教师"→"升级成为中职计算机课程教师"，填写相关信息，升级成为教师会员，可在一定时间内获得授课教案、教学演示文稿、教学素材等相关教学资源。

使用本学习卡账号如有任何问题，请发邮件至："4a_admin_zz@pub.hep.cn"。